Wolf-Dietmar Unterweger
Philipp Unterweger

ECHTE BAUERN
retten die Welt!

**Ihr nachhaltiges Überlebensmodell
für den Frieden
für das Sattwerden
für die biologische Vielfalt**

*Die verlorengegangene Bauernwelt gesucht –
und darin die Zukunft gefunden*

Leopold Stocker Verlag
Graz – Stuttgart

Wolf-Dietmar Unterweger
Philipp Unterweger

ECHTE BAUERN
retten die Welt!

stv

Für
Ursula und Esther

Seite 2
Der Bauer prüft die Samen des Hafers auf Qualität und Reifegrad. Der Mehlkörper und seine Feuchtigkeit geben Aufschluss, ob der Hafer erntereif ist.
Er ist ein Saatgutretter, Garant einer Sortenvielfalt, da er, wie viele andere Bauern, samenfestes Saatgut von autochthonem Hafer verwendet.
Ernährungssouveränität setzt Nahrungsmittelvielfalt und diese Saatgutfreiheit voraus.

Seite 4/5
Getreideernte der Geschwister Groß im Schwarzwald.
Eine nachhaltige Landwirtschaft, Natur und Menschen gerecht.
„Wendepunkt Zukunft" hat ausgerechnet: *Mit nachhaltiger Landwirtschaft könnte man mit 70 qm einen Menschen ernähren; derzeit brauchen wir in Deutschland mit konventionellen Anbaumethoden 5.000 qm pro Person.*
(Scholle mit Zukunft von M. Amrhein, Cicero 11/2011; S. 114)

Seite 6/7
Dörfer mit freilaufenden Gänsen sind selten geworden. Der morgendliche Marsch zum Wasser erfreut Gäste und Anwohner.
Das ist ein Vorzeigebauernhof! Prädikat nachahmenswert.

Dieses Werk steht für:

NACHHALTIGKEIT • ÖKOLOGIE • BIODIVERSITÄT • REGIONALISIERUNG • LOKALE VERMARKTUNG • DENKMALSCHUTZ • HANDWERKSKUNST IM BAUEN • KLEINTEILIGE BÄUERLICHE LANDWIRTSCHAFT • AGROFORSTWIRTSCHAFT • RASSEGERECHTE TIERHALTUNG • FLÄCHENABHÄNGIGE ZAHL DER NUTZTIERE • ZUGTIERE • TRADITION • BODEN-, WASSER- UND LUFTQUALITÄT • GESUNDHEIT • REGIONALE SOLARE, WASSER- UND WINDENERGIE • NACHHALTIG ÖKOLOGISCHE BIOENERGIE • SOZIALE VERANTWORTUNG • ZUKUNFT DER KINDER • KLIMA- UND NATURSCHUTZ • FAIREN HANDEL UND FAIRE PREISE • KLEINE HÖFE • HEIMAT • GENTECHNIKFREIE LANDWIRTSCHAFT • GESUNDE LEBENSMITTEL • NAHRUNGSMITTELSICHERHEIT • RESSOURCENSCHUTZ • REGIONALE SORTEN- UND RASSENVIELFALT • DIVERSIFIZIERTER ANBAU • PERMAKULTUR • MISCHKULTUR MIT FRUCHTWECHSEL • VIELFALT STATT MONOKULTUREN • UMWELTSCHUTZ • NATUR- UND KULTURLANDSCHAFTSSCHUTZ • KEINE BODENEROSION • MEHR BAUERN UND FAMILIENBETRIEBE • ARBEITSPLÄTZE • HUMUS • WENIGER KOHLENDIOXID • ENERGIESPAREN • UPCYCLING UND NÄHRSTOFFKREISLÄUFE • ERNÄHRUNGSSOUVERÄNITÄT • SCHÖNHEIT • WERTEBEWUSSTSEIN • KEIN SUBVENTIONIERTER DUMPING-EXPORT VON LEBENSMITTELN • ÖKODÖRFER • BIOHÖFE UND ÖKOLOGISCHEN LANDBAU • SPIRITUALITÄT • MORAL UND ETHIK • LOKALES UND TRADITIONELLES WISSEN • KULTUR, KUNST UND FRIEDEN

für:

EINE LANDWIRTSCHAFT IN BÄUERLICHEN UND KLEINBÄUERLICHEN STRUKTUREN MIT VIELFÄLTIGEN AUFGABEN ALS PRODUZENT VON BIODIVERSITÄT, SCHÖNHEIT, KULTUR, KUNST, ARBEITSPLÄTZEN, LEBENSFREUNDLICHER UMWELT, TRADITION, HEIMAT, GERECHTIGKEIT, UNBELASTETEN, GENTECHNIKFREIEN FUTTER- UND LEBENSMITTELN UND ALS GARANT EINER SOZIAL, WIRTSCHAFTLICH, ÖKOLOGISCH NACHHALTIGEN LEBENSMITTELVERSORGUNG UND EINER ZUKUNFT OHNE HUNGER.

Vorwort

„Man sieht nur, was man weiß." Diesem Satz will man am Anfang keinen Glauben schenken. Man hinterfragt ihn und ist sich sicher, mehr zu sehen, als man weiß. Aber stimmt das auch? In vielen kleinen, aber feinen Details habe ich gemerkt, dass sich die Sichtweise auf Dinge durch Wissen verändert. Dass die Farben eines alten Fernsehers aus drei Komponenten zusammengesetzt werden, glaube ich erst, seit ich mit der Lupe die winzigen Farbpixel eines Bildschirms gesucht habe. Dass der Eichelhäher einen weißen Bürzel hat, sehe ich erst, seit es mir als wichtiges Merkmal zur Bestimmung eines wegfliegenden Vogels gelehrt wurde. Aber auch im Alltag wird vieles erst optisch deutlich, wenn man es gelernt hat. Wenn Sie schon einmal eine Führung in einem Kunstmuseum mitgemacht haben, so waren Sie sicherlich erstaunt über die plötzlich klar werdenden Bilddiagonalen, die sinnstiftenden Achsen, die bedeutsamen Symbole und vielsagenden Nuancen, anhand derer Ihnen die großen Klassiker erklärt wurden.

Wir möchten Ihnen in diesem Buch Bilder zeigen und Ihnen in unseren Texten eine Lesart liefern, die Ihren Blick auf eine nachhaltige Bauernkultur schärft. Eine Bauernkultur, der wir viel Kraft zusprechen und in der wir die Fähigkeit sehen, unser globales Leben nachhaltig, in Frieden und ohne soziale Ausnutzung zu führen.

Sehen zu lernen, ist eine wichtige und leider oft vernachlässigte Disziplin. Wir glauben daran, dass Bilder wichtige Informationen liefern, die es wert sind, mit vielen verschiedenen Brillen betrachtet zu werden.

Die Bilder dieses Buches laden Sie ein, die verschiedenen Formen des Erkennens auszuprobieren. Mit allen Sinnen möchten wir in eine Welt eintauchen, deren Motive eine harmonische Welt zeigen, nach der wir uns sehnen. Wir wollen abwägen, wie sehr sich die ursprüngliche Form der Landnutzung auf uns auswirkt, welche Werte in ihr stecken und was wir verloren oder gewonnen haben, als wir dieses Leben aufgaben.

Wissend erkennen ist aber nur eine Form des Sehens. Es ist eine sehr faktengeladene, vielleicht auch wissenschaftshörige Erkenntnisform. Sie setzt das lernende Erkennen voraus und nährt sich vor allem im Vertrauen in den Lehrer.

Diese objektive Erklärung von Bildern möchten wir erweitern und Ihnen auch den subjektiven Weg der Erkenntnis ermöglichen. In einem Zustand, wie ihn Mörike als „an einem Wintermorgen vor Sonnenaufgang" beschreibt, in einer Zeit, in der der Verstand noch schläft und Traumreste und die ersten Eindrücke des beginnenden Tages sich vermischen, wo die Kreativität und die Intuition ihre größte Wirkung entfalten. Einem Moment, in dem man sich sicher ist, dass das, was das Herz glaubt, genau so wahr ist, wie das, was das Auge sieht.

Wir kombinieren das Erkennen durch die Ratio mit dem Bauchgefühl, das über das Herz auch den Kopf erreicht. Wir möchten den kindlichen, unbeschwerten Forschergeist erwecken, um zu erkennen. Das Bild erlebbar machen und es durch das Erleben begreifen. Und wenn Sie beim Betrachten der Bilder plötzlich die Gänse schnattern und das

Wasser rauschen hören, den Stall riechen und das Bild mit allen Sinnen erleben, dann fehlt nicht viel und sie werden es liebend erkennen.

Kommen Sie mit uns und erkennen Sie in einer Vielzahl von Eindrücken eine Bauernwelt, wie wir sie nur aus unseren Träumen oder den Kinderbüchern kennen. Lesen Sie die Bilder und öffnen Sie sich den Botschaften. Suchen Sie in den Motiven nach den Ideen und Lösungen, die wir brauchen, um dem globalen Hunger, den Folgen des Klimawandels und dem Verlust unserer biologischen Vielfalt wirkungsvoll entgegentreten zu können. Wir brauchen den Wandel, wir brauchen eine kultursensible, in allen Facetten nachhaltige Welt, die 100 % ökointegriert ist. Wir sind uns sicher und davon überzeugt: Echte Bauern retten die Welt – sehen und erkennen Sie es auch?

Inhalt

A Die Bauern

Das zentrale Thema unseres Buches sind die Bauern. Sie stehen im Mittelpunkt des gesamten Lebens, denn wer von uns kann wirklich ohne einen Bauern den Tag überstehen? Ohne seine Produkte und ohne die Welt, die er über Jahrhunderte geprägt und geformt hat. Ganz bewusst möchten wir von Bauern sprechen und nicht von Landwirten.

Landwirtschaft ist ein zu technischer Begriff. In ihm steckt die Konnotation des Geldes. Auch wenn Bewirtschaften nicht ausschließlich auf einem finanziellen Gedanken beruht, glauben wir, dass das deutsche Wort Landwirtschaft oft sehr industriell gesehen wird. Dass der Industriegedanke in anderen Sprachen nicht allein im Vordergrund steht, zeigt der Begriff „Agrarkultur", wie wir ihn aus dem Französischen oder Englischen kennen.

Bauer als Beruf, der dem landwirtschaftlichen Nutzen noch Kultur beifügt und somit mehr schafft, als nur Ernteprodukte in standardisierten Gebindegrößen. Wir sehen daher im Bauern einen Menschen, der auf dem Land Werte schafft, und finden es schade, dass der Begriff „Landwertschaft" nicht verbreitet ist.

Die Verbindung verschiedener Aufgaben ist uns wichtig, die Multifunktionalität, in der das Land kein Produktionsraum ist, sondern ein Lebensraum. Diese möchten wir in Bildern von gestern für morgen erklären und so wieder nutzbar machen. Da es nicht an Wissen mangelt, sondern nur an der Umsetzung von Wissen, möchten wir keine konkreten Rezepte liefern, sondern unsere Beobachtungen mit Erfahrungen verknüpfen und Sie ermutigen, selbst und kreativ zu handeln.

Es werden uns nicht die Entwicklungen und Neuerfindungen der Zukunft retten, sondern das Wissen, mit dem wir in den letzten 5.000 Jahren zu friedfähigen, satten und sozialen Wesen wurden. Daher müssen wir im digitalen Zeitalter alle Energie nutzen, das alte Wissen nachhaltig zu bündeln und auszuwerten, sodass wir das beste Modell entwickeln können, wie unsere Zukunft friedlich und wohl für alle wird. Die Hoffnung auf Heil in zukünftigen Innovationen ist vage und ungewiss, wenn nicht sogar utopisch, da Unwägbarkeiten den Fortschritt unterbrechen können. Die Vergangenheit jedoch ist unauslöschlich und kann von uns vernunftbegabten Menschen ohne Angst, aber mit Respekt und kritischem Blick betrachtet werden.

Wenn Sie sich unsere Bauern ansehen, so entdecken sie die Komplexität einer mimetischen Verdichtung. Anders als in der Literatur üblich, wollen wir sie nicht verklärt, sondern erklärt wiedergeben.

Kleinbauern in ihren Systemen. Auf ihren Höfen und in ihrer Heimat. In einer Welt, in der Lebensgrundlage Lebensfreude und nicht Sorgen und Nöte schafft. Sie leben in einer Welt, in der der Gedanke, Nachhaltigkeit in Jahrhunderten zu denken, unbewusst präsent ist. Während sie sich auf die Welt und Werte Ihrer Großväter bezogen, retteten sie Ideale unserer Kulturstifter aus frühchristlicher und vorchristlicher Zeit. Zwar war auch zu Zeiten „unserer Bauern" die Donareiche längst gefällt und der Weg zur anthropogenen Überformung der Welt frei. Aber in der kleinbäuerlichen Lebensweise stecken tiefe Bezüge zur indigenen Kultur der Landnutzung in unseren Breiten.

Grundlage für den echten Bauern ist eine erweiterte Subsistenz, eine Überproduktion mit Augenmaß, die ihm Existenz ermöglicht. Die es erlaubt, auch noch andere Berufszweige zu ernähren und so Bildung, Gesundheit und soziales Engagement zu verwirklichen. Ein großer Unterschied zum reinen Selbstversoger, ein Kulturstifter – ein kleinräumiger Landmäzen.

Viel können wir aus den Geschichten der alten Bauern lernen. Sie sind die Vorreiter der modernen Inklusion, in der auch die Vielfalt der Mitarbeiter eines Hofes groß geschrieben wird. Ein umfassender Bauernhof bietet Platz für alle Menschen und für das ganze Wissen. Denn durchdringendes und ganzheitliches Wissen ist nötig, um auf den Wandel reagieren zu können und Veränderungen zu erlauben.

Sicherlich sind nicht alle alten, traditionsverhafteten Bauern das Sinnbild für Veränderungen und Flexibilität. Wir sehen in diesen Motiven Vorreiter, weil sie die Zeit überdauerten. Sie waren standhaft, als die erste Welle der Flurbereinigungen und das Höfesterben über das Land rollten. Während die meisten Bauern wuchsen oder wichen, blieben sie klein und wurden alt und weise. Ein Bild, das in Vergessenheit zu gehen droht.

In den Sozialwissenschaften spricht man von „Framing". Darunter versteht man eine unterbewusste, aber gezielt gesteuerte Wahrnehmung. Wenn wir heute das Wort „Bauer" sagen, so folgt als eine der ersten Assoziationen der Begriff „Traktor". Ganz nebenbei ist Traktor meist eines der ersten Worte von Kleinkindern. Dieses unterbewusste Verbinden führt dazu, dass sich viele Bauern zunehmend über ihren Fuhrpark definieren. Je größer, desto besser, desto eindrucksvoller, desto wirkungsvoller, desto erfolgreicher. Ein Wettrüsten also, um Eindruck beim Nachbarn und beim Endverbraucher zu schinden.

Das führt zu enormen finanziellen Abhängigkeiten und zu schlimmen Folgen für die Landschaft.

Wir wollen dazu beitragen, dass man bei der Nennung des Begriffes „Bauer" nicht an Traktoren denkt. Es ist doch schöner, wenn die erste Assoziation mit „Bauer" „gesunde Lebensmittel" sind. Für uns zeichnet sich der perfekte Bauer dadurch aus, dass der Neuntöter auf seinen Zaunpfählen sitzt und die Feldlerchen singen. Sind gesundes Fleisch, gutes Gemüse, gesunde Böden nicht die besseren Frames?

Wir möchten das Bild, das Sie haben, wenn Sie das Wort „Bauer" hören, wieder neu ausrichten. Hin zu einer kleinräumigen und kleinbäuerlichen Kultur, die Schönheit schafft und Frieden ermöglicht.

Der Dalai Lama sagte in einem Interview, dass der Planet keine erfolgreichen Menschen mehr brauche. Der Planet brauche dringend Friedensstifter, Heiler, Erneuerer, Geschichtenerzähler und Liebende aller Arten. Er brauche Menschen, die gut an ihren Plätzen leben; Menschen mit Zivilcourage, bereit, sich dafür einzusetzen, die Welt lebenswert und menschlich zu gestalten.

Bauern, die die Welt retten, sollten wir daher nicht am Traktor messen. Wir müssen von ihnen lernen und begreifen, wie man Chancen nutzen kann und Fehlentwicklungen vermeidet. Sie stehen in jedem Fall für eine Gesellschaft, die ihre Kraft aus dem einfachen Leben und aus der nachhaltigen Kulturentwicklung schöpft.

Während die Generationen seit dem Aufkommen der industriellen Landnutzung wie die Maden im Speck leben und ihre Befriedigung aus langen Schlangen stets wechselnder Neuwagen ohne Bezug zur Wertigkeit von Produkten ziehen, zeigen diese Kleinbauern eine bewundernswerte Ehrfurcht vor dem Leben und vor den Werten. Regionalen Respekt vor den Gegebenheiten und ein Naturverständnis, das zeigt, dass das Anthropozän, in dem wir leben, überholt ist und wir uns, ihrem Beispiel folgend, wieder neu einordnen müssen in die Welt, in der wir nicht alles beherrschen und manipulieren dürfen.

Kleinbauer ist somit keine Frage der Flächengröße oder des Sonderstandorts, sondern ein Lösungsmodell mit geopolitischer Tragweite, das sich auf regionaler Ebene trägt und regionale Identitäten kultiviert und fördert. Kleinbauern können für den globalen Frieden und die Stabilität nicht hoch genug geschätzt werden, da sie sich auf gewachsene Strukturen berufen und Kunst, Kultur und Kalorien schaffen. Echte Bauern sind alle Bauern, die mit Hirn, Herz und Hand im Netzwerk des Lebens handeln.

„Wir haben zweimal einen Hof gepachtet und Limpurger Kühe, eine vom Aussterben bedrohte Rasse, gehalten. Die Limpurger Kühe sind sehr robust und genügsam, fressen auch hartes Gras und Stroh und geben ausreichend Milch. Sie kalben jedes Jahr. 10 Kälber haben wir immer von einer Kuh gehabt und das Kälbchen haben wir dann an besondere Interessenten verkauft. Dafür erzielten wir immer einen vierfach höheren Preis als bei Kälbern von Hochleistungskühen."

Sie haben die Schönheit, Nützlichkeit und Zweckmäßigkeit des gewachsenen Bauerngartens in die Gegenwart herübergerettet. Sie geben Hühnern einen freien Auslauf und halten sie rassegerecht. Sie kochen regional und saisonal. Sie leben kein Leben, das sich der Unbegrenztheit und Ziellosigkeit des Fortschritts bedingungslos unterwirft.

Müllers Fritz, einer dieser bäuerlichen Originale, ist im Gegensatz zum Bürger, wie ihn Hesse im „Steppenwolf" beschreibt, seinem Wesen nach kein Geschöpf von schwachem Lebensantrieb, ängstlich, jeder Preisgabe seiner selbst fürchtend oder leicht zu regieren.
Er steht für eine nachhaltige, regionale Landwirtschaft ein.

Die Brotzeit. Sinnbild für soziale Interaktionen und gemeinsames Arbeiten. Das Mittagessen vor einer Hütte auf dem Feld. Ein ehrliches Bild, das von der körperlichen Arbeit zeugt. Vom gemeinsamen Erleben des Wetters und des Wachsens. Vielfältige Arbeit und körperliche Entbehrungen. Das Gespräch und das Zusammensein – heute von der Einsamkeit auf dem Traktor ersetzt.

„Die großen Bauern wollen meine Felder. Die wollen immer größer werden. Sie reißen alle Bäume raus, weil sie nur noch mit dem Traktor fahren wollen. So lange ich lebe, ich bin jetzt 71 Jahre alt, bleiben die Bäume stehen. Für jedes Kind, wir waren sieben Kinder, hat mein Vater nach der Geburt einen Obstbaum gepflanzt. Die modernen Bauern sind zu faul zum Absteigen und haben keine Ehrfurcht vor dem Leben. Sie können nicht einmal mehr mit der Sense mähen, geschweige denn diese dengeln."

Seite 22
Malerische Kargheit, die Rückständigkeit, niederen Lebensstandard und Kümmerlichkeit ausstrahlt, ist nicht gefragt, sondern eine bäuerliche Landwirtschaft, die Leben schafft und erhält, dass unsere Erde nachhaltig anbaufähig bleibt. Von den Ämtern als „aufstockungsbedürftig" bezeichnet, erfüllen sie alle Überlebensstrategien, die wir brauchen: Wachstumsrücknahme, Bescheidenheit, Ehrfurcht, Lebensfreundlichkeit und Lebensfreude.

Diese Bäuerin ist sichtlich stolz auf ihr Scheunentor und dies zu Recht, denn ihre Vorfahren haben von den Zinsen gelebt – heute wieder das Leitbild der Nachhaltigkeit – und nicht von der Substanz. Auch hier in Siebenlinden/ Waldviertel hat längst die neue Zeit der Landwirtschaft Einzug gehalten, mit Bauernhäusern, die nicht mehr das

Prädikat sehenswert verdienen. Mit ihren neuen Stadeltoren werden sie wohl nie als Kulturgut eingestuft werden, denn sie sind nicht nachhaltig.

Ihre kleinbäuerliche Lebensform, den Hof nach alter Väter Sitte umzutreiben, ökologisch und nachhaltig, wie man heute sagt, ist auch ein Aufbegehren gegen die unreflektierte Entwicklung. Gegen Unberechenbares, wie die Atomkraft, die Biotechnologie, die Klimakiller Kohlendioxid und Methan, gegen den Hunger und die Fettsucht, gegen Weltmarktpreise für Agrarprodukte und industriellen Wachstumswahn, Wassernot und Bodenerosion, Agrosprit statt Nahrung, gegen Agrarinvestoren, die um Ackerland in den ärmsten Ländern der Welt wetteifern, und gegen Großfarmen und multinationale Ernährungskonzerne.

Wir sind fest davon überzeugt, dass echte Bauern der Garant sind, die Welt dauerhaft und nachhaltig, sozial, wirtschaftlich und ökologisch zu ernähren. Was sie liefern, hat einen intrinsischen Wert, der in der Sprache des Geldes nicht bewertbar ist.

Was sagt er uns: der Bauer, der im Waldviertel mit der Sense mäht? Das Festklammern an ein bisschen Blumenwiese ist nichts anderes, als sich in die Quere zu legen, denen, die die industrialisierte Landwirtschaft, die Industriegesellschaft als segensreichen Fortschritt heranwälzen. Dank diesem verqueren und sperrigen Leben gibt es ein Stück unvergiftete Natur, Biodiversität und Wiesenblumenträume unserer Kindheit.

Ein Kuhbauer, eine bäuerliche Lebensform, ziviler Ungehorsam. Gegen das, was unversöhnlich hervortritt: Bebauungspläne, Flurbereinigung, Straßenverbreiterung, Erhöhung der Wasser- und Stromgebühren, hohe Lebensmittelpreise und Reparaturkosten, Preisverfall, Automatisierung, Landflucht und Massenarbeitslosigkeit, Vergiftung der Felder, des Trinkwassers und der Lebensmittel. Der Kuhbauer als Protest gegen die Digitalisierung, die Nanotechnologie und Gentechnik.

Dieser Knecht lebt nach dem Lebensgrundsatz der Hutterer: *„Jeder gibt, was er kann und kriegt, was er braucht."*

Seite 28/29
Kleinviehbauern sind im Weinviertel selten geworden, wahrscheinlich sogar nicht mehr vorhanden. Beide, die Bäuerin und der Bauer, verbrachten ihr halbes Leben lang als Magd und Knecht bei Bauern. In ihrer Freizeit haben sie ein paar Kühe, Ziegen, Gänse und Hühner versorgt. Um ihre spärliche Rente aufzubessern, halten sie noch eine Milchziege, um Käse herzustellen, und Geflügel für den Eigenbedarf. Was sie nicht selbst verwerten können, geben sie durch ihre Subsistenzwirtschaft an die Nachbarschaft, Freunde und Verwandtschaft weiter, um so die Ernährungssouveränität ihres Umfelds zu sichern.

Seite 31
Solche Bäuerinnen, wie Walburga Pfeiffer aus dem Schwäbischen Oberland, gibt es nicht mehr. *„Eine Bäuerin wie keine andere; sie ist Lichtjahre von unserer Konsumwelt entfernt – tierlieb und gottesfürchtig"*, schreibt Achim Zepp in der Schwäbischen Zeitung über sie.

B Der Bauernhof

Der kleinbäuerliche Hof als multifunktionelles Zentrum ist mehr als ein betriebswirtschaftlich geführter Arbeitsplatz oder ein Ort der Sehnsüchte. Er steht im Mittelpunkt der ganzheitlichen Welternährung. Neben Kalorien muss er auch Kultur produzieren, Schönheit schaffen, Ökosystemleistungen erbringen und der Landschaft sowie den Bewohnern ein Gesicht geben. Diese vielfältigen Aufgaben sind nicht leicht zu erfüllen, sie erfordern vor allem ein Verständnis von Heimat als einem Ort, an dem man sich nicht selbst erklären muss. Aus dieser Geborgenheit und Sicherheit heraus erwächst global die Kraft einer Landschaft oder einer Region, um einer pluralistischen Gesellschaft ein Gesicht zu geben und einen Beitrag am Miteinander zu liefern. Ein Netzwerk des Lebens.

Ein harmonischer Hof, der Schönheit ausstrahlt, indem er Hässliches durch Kunst und Handwerk umgeht, stärkt das Wohlbefinden im Dorf und in der Landschaft. Wenn man die Handwerkskunst vernachlässigt und nur mehr dem Wachstum einen Wert beimisst, so verliert man mehr als nur vielfältige, lebenswerte Dörfer.

Bei verschiedenen Fahrten durch osteuropäische Länder fragte ich mich des Öfteren, warum dort auch die alternden Dörfer oft nicht mehr schön sind. Die Antwort liegt auf der Hand. Zentralisiertes Bauen in Baukastensystemen und die systematische Abschaffung von Handwerkskunst und Handwerksinnungen führten dazu, dass uns die Großbetriebe und Siedlungen des Ostens mit ihren grauen und endlosen Betonhallen und den an Bauklötzchen erinnernden Plattenbauten hässlich, unästhetisch und abstoßend erscheinen. Auch die später angebrachte Farbe, die das Grau kaschieren soll, macht sie nicht schöner. Der langjährige Verlust von Maurern, Stuckateuren, Gipsern, Schreinern und Zimmerleuten hat zu einer Wüste der Baukunst geführt und zeigt uns, was aus unserer Landschaft werden wird, wenn der ungebremste und unbemessene Bauboom der Gegenwart und das endliche Wachstum abflauen und der Verfall einsetzt. Wenn man durch Dörfer fährt, mit ihren austauschbaren Betonverschlägen, die im Wechsel Reifen, Öle, Baumaterialien und Lebensmittel anbieten, so merkt man schnell, dass dieses Verrohen ein globales Phänomen ist. Auch in Deutschland, Spanien, Asien und Südamerika wiederholen sich diese Eindrücke. Wer kennt sie nicht, die Wellblechhallen, das pseudokreativ verschalte Betonskelett, mal blau, mal grün, die Maschinenhallen und die Fahrsilos, die folienumhüllten Silageballen und die gewölbten Agrargastanks, die den fragilen Zustand dieser Ästhetik auch noch plastisch und aufgeblasen darstellen. Es liegt also nicht an der Weltanschauung, sondern am rücksichtslosen globalen, die Regionen vernachlässigenden Handeln.

Interessant ist es, dass in Urlaubsregionen oftmals ein auf den ersten Blick traditionsorientierter Regionalcharakter erhalten wird. Vom Schwedenhaus bis zur Mittelmeersiedlung – Regionales hat Marktpotential und scheint zu gefallen. Dazwischen, auf dem offenen Land Trostlosigkeit und Langeweile. Agrarwüste. Phantasielosigkeit. Grau.

Ein Hof muss organisch sein. Jedes Gebäude und jede Einrichtung, vereint in Form und Gestalt, Zweck, Region und Nützlichkeit. Kultur ist ein plastischer Begriff und entwickelt sich weiter. Alles Handeln, alle Begriffe und das Leben müssen sensibel an die Kultur angepasst werden, ohne von ihr geknechtet zu werden. Es ist dabei nicht vordergründig wichtig, dass ein Schwarzwaldhof auch im 21. Jahrhundert noch exakt wie ein Schwarzwaldhof von 1700 aussieht. Anpassungen an die gewachsenen Anforderungen der Gesundheitsförderung, der Tierhaltung und der Außenwirkung erleichtern das Leben, geben jedoch keinen Freischein für Beton- und Wellblechwürfel, wie wir sie weltweit ertragen müssen. Die Tatsache, dass diese Kisten hässlich und lieblos aussehen, sollte ja schon nachdenklich machen. Wenn man sich dann eingehend mit dem System beschäftigt, kommen noch viele Fragen auf: Warum Metallkisten und keine regionalen Baustoffe? Woher kommen die seltenen Rohstoffe für die Solarplatten und die „Netzwerktechnologie"? Warum muss regionale Nahrungsmittelproduktion überhaupt digitalisiert sein? Wer stellt die vielen verbauten Kunststoffe her? Und mit wessen Energie und wessen Öl? In jedem verbauten Teil stecken Abhängigkeiten; Abhängigkeiten, die es zu reduzieren gilt. Digitalisierung führt zur Aufgabe von Souveränität: Daten, Wissen und Überlebenswichtiges steht den Konzernen zur Verfügung.

Kann man Werte nur definieren, wenn sie bedroht sind? Muss erst alles vom Aussterben bedroht sein, ehe man es schützt? Die Freiheit, die Tiere, die Pflanzen, die Eigenständigkeit und der Stolz?

Der Hof, wie wir ihn zeigen, ist ein indigener, ein autochthoner Hof. Ursprünglichkeit und Standortzugehörigkeit lassen jeden Hof anders aussehen. Ein Bauer und ein Bauernhof aus dem Alpenraum müssen anders aussehen als ein Bauer und Bauernhof von der Nordsee. Region und Funktion prägen das Bild eines Betriebs.

Der Hof, den wir hier zeigen, gehört ins Dorf. Er gehört den Menschen und zu den Menschen. Seine Nähe zum Verbraucher lässt Hüllen, Verkleidungen und Verblendungen unnötig werden. Nur, was ehrlich ist, was authentisch wirkt, gewinnt. Auf dem Hof, der die meisten Kinder anlockt, auf dem Hof, der die Alten zum Spazieren einlädt, wo die Kühe glücklich sind und die Gänse schnattern, auf diesem Hof wird eingekauft. Nicht die Halle am Horizont bringt das Essen, sondern der Hof im Dorf. Wer eine Gans essen will, der muss ihr Schnattern ertragen, der muss es dulden, dass sie sich vor seiner Haustüre sonnt, wenn sie allabendlich vom Dorfteich zurückkehrt.

Ein Hof ist vielseitig. Vielseitigkeit ermöglicht Inklusion und stiftet Sicherheit. Der natürliche und ursprüngliche Bauernhof symbolisiert in unserer Zeit die romantische Natur. Natur, die wir nur deshalb als Natur wahrnehmen, weil sie vorindustriell ist. Ein vorindustrieller Hof wird von den Menschen geliebt und als natürlich wahrgenommen. Ähnlich dem literarischen und künstlerischen Motiv der Mühle am Bach, welche in den Anfängen der Motorisierung und des Dampfmaschinenzeitalters als Naturideal gesehen wurde, so wird heute ein Hof mit freilaufenden Hühnern, mit Weidekühen und Misthaufen als Naturideal wahrgenommen.

Ein Bauernhof muss mehr sein als Rohstoff- und Lebensmittellieferant. Er stellt die Kultur- und Ernährungssouveränität seines Umfelds sicher und vermittelt Sicherheit durch den Besitz. Er sättigt die Vielfalt der Bedürfnisse der Menschen. Den Hunger nach Nahrung. Den Hunger nach Gerechtigkeit. Den Hunger nach Freiheit und den Hunger nach Liebe und Schönheit.

1. Gebäude

Gebäude sind die Visitenkarten der Bewohner einer Landschaft. Meist sind sie auch der Stolz des Bauern, der sie sorgsam pflegte und weitervererbte. Die Bilder unserer Höfe zeigen Individuen und Charaktere. Zeugen einer ungewohnten Vielfältigkeit, an der wir unsere Augen schulen und den Umgang mit unserer regionalen Baukultur üben können. Sie haben oft ihre beste Zeit überschritten, wenn man die produktivste Zeit als die beste Zeit sieht. Nimmt man die Informationen, die in ihnen stecken, als Maß aller Dinge, so stecken sie jedoch in den besten Jahren.

Es macht nachdenklich, wenn man bedenkt, wie einfach, wie geräusch- und spurlos die alten Gebäude und die alte Kultur verschwunden sind und wie viel Energie die neuen brauchen werden, um zu verschwinden. Gebäude, die sogar im Verfall noch mehr Würde und Schönheit besitzen, als all das, was uns die industrielle Architektur liefert und als Zukunft verkauft. Wie werden die Wellblechverhaue, die Würfel und Klötze wohl aussehen, wenn die synthetischen Dämmstoffe aus Ritzen hervorquellen, wenn der Wind an den Kunststofffenstern rüttelt, die Plastikleisten zersplittern, vergilben und von Wind und Wetter unverrottbar in der Landschaft verteilt werden?

Bestrebungen zur Optimierung der Rohstoffnutzungsdauer schlagen längere Nutzungen von Gebäuden vor, um Energie und Rohstoffe schonend zu gebrauchen. Ein wichtiger Punkt, um endlich Denkmalschutz und Denkmalnutz zu vereinen, denn nur, was genutzt und geschätzt wird, kann langfristig konserviert werden. Bewahren, was sich bewährt hat. Dieses Handeln bezieht sich auch auf die Handwerkskünste, die mit dem Bau eines solchen Hofs verbunden sind. Allein die Vielfalt der Holzarten, die in einem solchen Hof stecken, lassen auf einen vielfältigen Wald schließen.

Als ich das erste Mal hörte, dass Lehmstiche mühevoll offen gehalten werden, damit Uferschwalben, Bienenfresser und Insekten weiterhin einen Lebensraum haben, machte mich das nachdenklich. Nebenan werden fleißig synthetische Baustoffe verbaut, die über viele Kilometer herangefahren werden müssen und oft keine besseren Funktionen erfüllen als regionale Produkte wie Lehm oder Kalk. Vielfältige Natur in der Kulturlandschaft entwickelt sich aus der Kultur und der gesunden Nutzung einer Landschaft, nicht durch den naturschutzbürokratischen Erhalt und das Bekämpfen von Sukzession. Würde sich der Baustoffmarkt gerade auf dem Land wieder an eigenen Ressourcen orientieren, so könnten dadurch flächendeckend Störstellen geschaffen werden, die für den Erhalt der biologischen Vielfalt so wichtig sind. Eine Stallwand, verputzt mit dem Lehm vom eigenen Hof – eine kleine Population Unken wäre gerettet. Über ein paar freigelegte Steine freuen sich die Eidechsen. Das Argument nach Funktionalität und Leistung sollte man gelassen hinnehmen, schließlich wurden das Rind, das Schwein und all die anderen Nutztiere während der letzten Jahrtausende nicht auf dem Betonspaltboden mit digitalem Futterautomat domestiziert, sondern in einem Stall aus Lehm und einheimischen Hölzern. Tradition ist demnach keine Folklore, sondern der Weg, der nachhaltig über einen langen Zeitraum zum Erfolg führte.

Wenn man heute durch die Dörfer geht, so wirft sich die Frage auf: Wo ist der Bauernstolz geblieben, die Freude am schönen Besitz? Einstmals alltägliche Schönheit ist dem Rationalisierungswahn und der architektonischen Universalität zum Opfer gefallen. Individualismus, identitätsstiftende Architektur und Schönheit werden im Baustil vernachlässigt, obwohl niemand begründen kann, mit welchem Recht Sichtbeton, Lochblech und buntes Milchglas als zeitgemäß und schön verkauft werden.

Die Entscheidungsträger müssen den Mut aufbringen, wieder mehr Qualität als Quantität ins Dorf zu bringen. Es ist die Aufgabe der Politiker, nicht landschaft- und umweltzerstörende Großbetriebe zu fördern, sondern kleinbäuerliche Strukturen in Form von Voll-, Zu- und Nebenerwebsbetrieben. Die kleinteilige Betriebsstruktur althergebrachter Bauernhöfe gilt es zu sichern und neu zu schaffen, durch politische, finanzielle und moralische Förderung. Man darf nicht nur Kleinbauer sein, wenn man in schwierigen Standorten oder mit Sonderkulturen wirtschaften muss. Kleinbauern und Nebenerwerbslandwirte sind ein Lösungsmodell für die Fläche, denn sie schaffen Struktur-Biotope.

Nicht nur deutsche Kultur, sondern die auch anderer Länder nahm auf dem Lande bis in die Mitte des 20. Jahrhunderts in den unterschiedlichsten Regionen überwiegend durch Bauernhäuser konkrete Gestalt an. Sie bestechen durch eine Vielfalt an handwerklicher, künstlerischer Ausgestaltung und wegen ihrer harmonischen Einfügung in die jeweilige Kultur- und Dorflandschaft. Der Begriff Heimat gewinnt in diesem Zusammenhang an Bedeutung und wird in der aktuellen Forschung als Symbiose aus gelebtem Kultur- und Naturbewusstsein gesehen, was sich sowohl im dörflichen, regionalen Baustil als auch in der Landschaftsplanung widerspiegelt.

Natürliche Baumaterialien aus der Umgebung, wie Holz für die Balken, als Bretter und Schindeln, Bruchsteine, massiv für das Fundament oder als Platte für das Dach, Lehm für die Ziegeln und Dachplatten, tragen einzeln und in Kombination dazu bei, dass man sich im Bauernhaus wohlfühlen kann und dauerhaft heimisch wird.

Solche sich durch lange Bautradition zu einem organischen Ganzen entwickelten Bauernhäuser lenken immer wieder unser Augenmerk auf sich und regen zum Nachdenken an.

So bedeutsam sie wegen ihrer äußeren und inneren Gestalt für Gegenwart und Zukunft sind, so geben sie darüber hinaus auch Auskunft über die Überlebensstrategie jener Zeit, aber auch für die heutige und die Zukunft. Auch hier ist eine Rückbesinnung keine retrospektive in eine vorindustrielle Zeit, sondern ein Lernen am Bewährten. Eine Aufforderung, Erfahrungen zu verknüpfen, die die Sparsamkeit und Regionalitätsoptimierung der Vergangenheit als nachhaltiges Grundgerüst mit dem aktuellen Wissen bezüglich gesundheitlicher, sozialer und nutzungsinnovativer Aspekte verbindet.

Begrenzte Mengen an Energie und natürlichen Baumaterialien erfordern allzeit menschliches Handeln, Wirtschaften und Bauen, angepasst an die natürlichen Gegebenheiten der Umgebung.

Vielfältige äußere Einflüsse, wie zum Beispiel historische Ereignisse und Entwicklungen, trugen und tragen zusätzlich zur Bildung von unverwechselbaren Bauformen in der jeweiligen Kulturlandschaft bei.

In Deutschland entstanden um die 30 verschieden geformte Bauernhaus- und Hoftypen. Ein Schwarzwaldhof hat ein anderes Gesicht als ein Bayerischer Vierseithof und ein Bauernhof im Schleswiger Land ist nicht mit einem Jurahaus zu verwechseln. Der oberschwäbische Raum, das Gebiet zwischen Donau und Bodensee, kennt vier sich regional überschneidende verschiedene Grundtypen von Bauernhäusern: zum einen das Allgäuer Flachdachhaus, das Bodenseehaus, die Südoberschwäbische Hofanlage und das altoberschwäbische Eindachbauernhaus.

Das Umgebindehaus in der Lausitz ist eine „Kiste in der Kiste“. Im niederdeutschen Hallenhaus mit dem Vollwalmdach, der „Grot Dör“ und der Rauchküche leben Mensch und Vieh unter einem Dach in engster Luftgemeinschaft. Wohnen bedeutet im niederdeutschen Hallenhaus ursprünglicher Prägung das Zusammenleben aller Hofbewohner ohne individuelle Rückzugsmöglichkeiten für ein Privatleben.

Fachbücher und Freilichtmuseen zeigen, wie facettenreich die Hof- und Dorfkultur in anderen Ländern und Kulturkreisen ist.

Seite 36/37
„Nur ein schöner Bauernhof ist ein guter Bauernhof.“
Dieser Ansicht ist auch Doug Tompkins, Biobauer in Südamerika. Ein Bauernhaus, hier im Württembergischen Allgäu, wie es sich schöner nicht präsentieren kann. Schönheit, Nützlichkeit und Zweckmäßigkeit in vollendeter Harmonie. An die Bauern von heute: Schafft Schönheit und Qualität – am Bauernhaus, auf dem Hof, bei der Anlage des Gartens, der Wege, der Felder – und natürlich auch bei der Herstellung von Lebensmitteln. Das zahlt sich aus – für euch, eure Konsumenten und die Mitwelt.

Beispiel deutscher Bauernhofkultur, die Auskunft gibt, wie nachhaltige, ressourcenschonende Landwirtschaft funktioniert. Die Bautradition lehrt den Umgang mit der endlichen Verfügbarkeit von Energie und natürlichen Baumaterialien. Die Überlebensstrategie jener Zeit.

Kein Bauernhaus, das Intaktheit vortäuschen will. Liest man seine Bauform, zeugt es von der Symbiose aus Mensch, Tier und erzeugten Produkten. Symbiose als lesbare Intaktheit des Kreislaufs.
Eine Lebensform, die keine aufgesetzte Fassade braucht, da ihre Ausstrahlung und runde Funktionalität Freude am Leben vermittelt.

Ein geschlossener, enger Hofraum, in Mittelfranken, eingezäunt, von einem Wohnhaus und einer Scheuer dominiert. Das Wohnhaus ist ein erdgeschossiger, aus Bruchsteinen bestehender Massivbau. Im Dachgeschoss weist eine stehende Gaube auf die „Obere Stube" hin, im ländlichen Franken weit verbreitet. Da meist „kalt" geschlafen wird, kann angenommen werden, dass dieser Raum keine Heizmöglichkeit besitzt. Die Scheune ist in Fachwerkbauweise errichtet, aufgestellt auf Bruchstückmauern, das Fachwerk ebenfalls mit Bruchsteinen ausgefacht.

Diese Hofanlage besticht durch eine harmonische, großzügige Anlage, auf der das Geflügel freien Auslauf hat.
Man ist erstaunt, wie viele Einzelheiten und wie viele Konstruktionselemente der Fachwerkbau aufweist. Das Material und der Charakter seiner Erbauer, aber auch die Bautradition, die geografische Lage und der geschichtliche Entwicklungsstand drücken dem Bauernhaus und der Hofanlage den Stempel des Einzigartigen auf.

Bedauerlich, dass Bauern solche Bauernhäuser in Fachwerkbauweise, mit Ziegelsteinen ausgefacht, verlassen mussten und nun ein Bauernleben ohne „Stil" fristen.
P. M. Bode charakterisiert den Bauern in seinem Bericht „Kaputte Gegend durch mieses Bauen" wie folgt: *„Der erfolgreiche Ökonom, jahrzehntelang getrimmt auf Rationalisierung, eilt in die Betonhalle aus Fertigteilen und versorgt dort eine Hundertschaft Kühe, die ihr Leben lang keine Weide erblicken."*
Wir brauchen nicht diesen Bauern, sondern den echten Bauern, der im Ziegel-Bauernhaus eine nachhaltige, ökologische Landwirtschaft betreibt, und zwar mit seiner Familie und Angestellten, die er gerecht bezahlen kann.

In Grindelwald, am Fuße des Eigers, spürt man die geschlossenen Kreisläufe des Wirtschaftens. Kleinteilig die Felder, hügelig die Wiesen; aus Holz und Steinen der näheren Umgebung ist das Bauernhaus gebaut. Man erweitert nicht ins Uferlose, erhöht keinen Schuldenberg, sondern ist mit dem zufrieden, was man hat – und das sind echte Berge und eine grandiose, belebende Natur.

Ein Bauernhaus auf dem Land. Der regionale Baustil, die Wäsche und das Pferd vermitteln Heimat und Geborgenheit. In seiner Nüchternheit, Zweckmäßigkeit und Angepasstheit an die Umgebung schließen Haus und Hof eine Vielfältigkeit ein, die ein reges Leben ermöglicht. Mensch, Tier und Pflanze leben auf engstem Raum zusammen. Alle nehmen und geben.

Seite 41
Dass in unseren Köpfen oft Scham und Entschuldigungen überwiegen und nicht die Freude an Schönheit und Individualismus, ist sehr schade. Kein Maler könnte die Nuancen des Blau besser treffen, kein Gärtner die Bepflanzung besser gestalten. Lehm und regionales Holz runden diese Einfachheit zur vollendeten Zier ab.

Das Flügelfenster hat sich auf dem Land erst nach 1650 durchgesetzt. Ein solch einfaches Fenster, wie das Bild zeigt, kam Anfang des 20. Jahrhunderts zum Einsatz. Dieses zweiflügelige Fenster hat oben einen durch eine Sprosse geteilten Oberlichtkippflügel.

Über Jahrhunderte geben sie dem Bauernhaus ihr charakteristisches Aussehen. Reparieren ist die logische Folge, partielle Erneuerung die Philosophie. Was wir heute als Suffizienz und Konsistenz forcieren, um dem Trend des Totalaustauschs zu entgegnen, ist alte Tradition aus Vernunft. Man trennt sich nicht einfach von ihnen, weil es inzwischen moderne Fenster gibt. Verschwendung von Gedankenarbeit ist eine Folge unserer Wegwerfgesellschaft.

Wer solche historischen Fenster der neuen Mode wegen zum Fenster hinausschmeißt, der beraubt die Handwerker ihrer Kreativität, gefährdet ihren Berufsstand und vernichtet Arbeitsplätze. Kein automatisierter Plastikfensterbetrieb ersetzt die Arbeit der vielen künstlerisch begabten Fensterbauer.

Wenn ein Haus nach seiner Nutzung spurlos in der Landschaft aufgeht, dann hat der Bauherr beim Bau alles richtig gemacht. Ein Haufen Lehm, ein Haufen Steine und etwas Holz – wenn Natur zu einem Haus wird, dann wird auch ein Haus wieder zur Natur. Wer schon teuer umweltbelastende Baustoffe entsorgen musste, sollte daran denken.

Gebäude, die sogar im Verfall noch mehr Würde und Schönheit besitzen, als all das, was uns die industrielle Architektur liefert und als Zukunft verkauft. Wie werden die Wellblechverhaue, Würfel und Klötze wohl aussehen, wenn die synthetischen Dämmstoffe aus Ritzen hervorquellen, wenn der Wind an den Kunststofffenstern rüttelt, die Plastikleisten zersplittern, vergilben und von Wind und Wetter unverrottbar in der Landschaft verteilt werden?

Solche Türen wirft man nicht weg;
man restauriert sie!
Restaurierte Türen unter größtmöglicher Wahrung der historischen Substanz ergeben ein ebenso ansprechendes Erscheinungsbild.

„Wir brauchen individuelle Gestaltungsoffensiven", schreibt M. Kries, Autor des Buches „Total Design – Die Inflation moderner Gestaltung." *„Design kennt keine Vignetten oder Schnörkel (...) Individuelle Gestaltung kommt nicht mehr zum Zug. Design ist der Handlanger der Industrie. Die Gestalter beherrschen längst unser Leben von heute und morgen. Design hat die ökologischen Herausforderungen unserer Zeit, wie auch die Armut in den Entwicklungsländern nicht gelöst. Es hat uns den Überfluss gebracht, der meist nicht recycelbar ist, dadurch die Umwelt massiv belastet und das Leben der Menschheit gefährdet. Weniger ist mehr, von diesem Ausgangs-Slogan hat das Design sich längst verabschiedet."*

Vom Schmuckstück zum Schandfleck. An der Schwelle zum Kulturdenkmal abgerissen. Fenster, Türen und Scheunentor einer Weberselde (Achtelhof), erbaut von einem Weber in Oberschwaben. Ein Eindachbauernhaus für den Handwerker mit Nebenerwerbslandwirtschaft.
„Neben dem Schloss das bedeutendste Gebäude im Ort.“ (Landesdenkmalamt)

2. Hofumfeld

Für das Klima, die Natur, zu denen nicht nur die Pflanzen und Tiere zählen, sondern auch der vernunftbegabte Mensch, hat der industriegesteuerte Bauernhof des 20. und 21. Jahrhunderts katastrophale Folgen. Die Pflanzen- und Tierwelt ist bedroht und bis auf wenige Arten auf dem Land am Verschwinden. Der Naturhaushalt ist gestört und die Energie- und Stoffwechselkreisläufe sind unterbrochen.

Wenn wir zurückblicken: Ende des 18. Jahrhunderts, der Hochzeit der kleinteiligen Landwirtschaft, erreicht die Artenvielfalt ihr Maximum. In dieser Zeit blicken wir in die Bauernhöfe, so wie sie in diesem Buch gezeigt werden. Wer sie als romantische Gefühlsduselei sieht und abtut, dem sei gesagt: Ja – und zudem sind sie ein wichtiger Beitrag für die Dorfökologie, die Erhöhung der Biodiversität.

Die echten Bauern mit ihrer Agrarromantik retten die Welt, denn sie erzeugen nicht nur Lebensmittel, sondern schaffen auch ideelle Werte, wie Schönheit, Kunst, Heimat, Nähe und Sicherheit. Sie erfüllen unsere Sehnsucht nach „langsamer, weniger, besser, schöner“ wie H. Glauber seinen zivilisatorischen Entwurf formuliert.

Die von vielen Menschen geforderte Agrarwende hin zum Guten, zum Frieden und zur Biodiversität ist ohne Schönheit nicht zu haben. Die Menschen hungern nach chemie- und gentechnikfreiem Essbaren und nach Agrarromantik, in der die Biodiversität als Bauernhof- und Dorfökologie steckt. In der Umkehr des Strukturwandels und der Agrarreform kommen der Klein-Bauer und der bäuerliche Familienbetrieb wieder ins Dorf zurück, wie es die Ratio und die Intuition fordert. Er wird nicht als konservierter Bauernhof unserer Vorfahren, sondern als Lernobjekt für eine nachhaltige Zukunft Teil der Gesellschaft.

Der Bauernhof unserer Vorfahren, so wie es ihn bis in die 60er-Jahre des 20. Jahrhunderts gibt, ist mehr als nur die Summe seiner von Menschenhand errichteten Gebäude. Das Hofumfeld setzt sich aus den Gebäuden und den durch sie gebildeten Freiräumen zusammen.

In seiner Ehrlichkeit, Zweckmäßigkeit und Angepasstheit an die Umgebung schließen Haus und Hof eine Vielfältigkeit ein, die ein reges Leben ermöglicht. Mensch, Tier und Pflanzen leben auf engstem Raum zusammen. Jeder nimmt und gibt.

Die kleinbäuerliche Hofanlage ist ein wesentliches Element des Lebensraum Dorf. Ihre ökologische Situation entspricht anderen natürlichen Ökosystemen. Ökologische Gemeinsamkeiten mit einer extensiv bewirtschafteten Wiese oder einem Naturteich sind bei näherer Betrachtung auffällig. Das alte, traditionelle Dorf versorgt sich wie ein Teich größtenteils selbst mit Nahrung, Rohstoffen und Energie. Bei den Ökosystemen schließt sich der Stoff- und Energiekreislauf wie in anderen natürlichen Lebensräumen.

Grüne Pflanzen produzieren mit Hilfe von Sonnenlicht Wasser und Kohlendioxid, große Pflanzenmassen und Sauerstoff. Beide Stoffe werden von Tieren verbraucht und nach deren Absterben, wie auch die Pflanzenreste, zu Kohlendioxid, Wasser und Mineralsalzen abgebaut.

Die Produzenten (Pflanzen) durchlaufen mit ihren Konsumenten (Tieren), unterstützt von Reduzenten, den Kleinlebewesen des Bodens, einen geschlossenen Kreislauf. Ein solches ökologisches Gleichgewicht gibt es im traditionellen, alten Dorf und, wie zuvor erklärt, im Hofumfeld kleinbäuerlicher Landwirtschaft.

Wie kommt der kleinbäuerliche Bauernhof wieder ins nachhaltige, ökologische Gleichgewicht? Indem er Kohlendioxid bindet, dadurch Sauerstoff erzeugt und reiches pflanzliches und tierisches Leben in sich birgt.

Die natürliche Unordnung, das „Nicht-Aufgeräumt sein“ bis ins letzte Eckchen, ist die Heimat einer mannigfachen Tier- und Pflanzenwelt. Zur Rettung unserer Natur, der Erde, müssen wir uns von diesem durch Chemie und Technik ermöglichten „sauberen“ Weltbild lösen. Genau wie der Begriff Unkraut durch den Begriff Beikraut ersetzt wird, so muss die Unordnung einer Urordnung – oder einer Beiordnung – weichen, die die unmanipulierte Natur dem Menschen zur Seite stellt, als Partner und Helfer.

Was ist heute und in der Zukunft zu beachten, um wieder die traditionellen Mitbewohner aus der heimischen Flora und Fauna auf den bäuerlichen Hof zu holen?

1. Der Versiegelungsgrad von Flächen ist möglichst gering zu halten bzw. die Flächen sind wieder zu entsiegeln. Naturwege sind zu bevorzugen.
2. Unbehandelte Holzzäune mit natürlichen Abstandsflächen zur Straße errichten.
3. Altes Mauerwerk erhalten, wenn erforderlich biotopgerecht instand setzen.
4. Trockenmauern anstelle von Betonmauern errichten.
5. Lesesteinmauern, Benjeshecken oder artenreiche früchtetragende Sträucher anlegen bzw. pflanzen.
6. Verputzte Mauern, Betonmauern und Silos mit Kletterpflanzen begrünen.
7. Alte Bäume, auch abgestorbene, stehen lassen. Neue heimische, laubtragende pflanzen. Bei Obstbäumen auf hochstämmige, alte Lokalsorten achten.
8. Alte Gebäude erhalten und notfalls mit biologischen Materialien sanieren. Neue Bauernhäuser mit naturnahen Stoffen errichten.
9. Auf Blumenrabatten, auf Nadelgehölze und exotische Blumen zugunsten einer heimischen, autochthonen Flora verzichten.
10. Pionierstandorte nicht mit Humus abdecken.
11. Hohlwege und Böschungen erhalten.
12. Holzstapel, Misthaufen, Moderplatz und Komposthaufen anlegen. Eine natürliche Unordnung drumherum zulassen.
13. Traditionsreiche Bauerngärten anlegen, ökologisch, d. h. chemiefrei, bewirtschaften und auch selten gewordenen Kulturpflanzen einen Platz lassen.
14. Hochstammobstwiesen anlegen und extensiv nutzen.
15. Tieren, wie Hühnern, Enten und Gänsen, freien Auslauf gewähren.
16. Wiesenflächen nicht düngen. Extensiv mähen.
17. Restflächen zwischen Gebäuden unberührt lassen. Sie sind auch geeignet als Lagerfläche für Holz, Bretter und Ziegel.
18. Magerstandorte für seltene Wildpflanzen und Tiere schaffen.
19. Bäche nicht verrohren. Offenlegen und wieder naturnah gestalten. Dasselbe gilt für die zugeschütteten Weiher und Tümpel.
20. Alle Biotope mit den vorgenannten Strukturelementen zu einem vollfunktionierenden Ökoverbundsystem vernetzen.
21. Technisches Abrüsten. Motorgeräte, vor allem Mähmaschinen, nur im äußersten Sonderfall einsetzen.

Wenn man all diese Ratschläge in die Tat umsetzt, dann ist der Bauernhof kein Schandfleck, sondern zeitgemäß ökologisch; eine Quelle sich erneuernden Lebens, wirtschaftlich nachhaltig und er wird andere Bauern und Dorfbewohner zur Nachahmung anregen.

Wir brauchen alles, was an Landschaft da ist – auch die noch so kleine Hinterhoffläche als ein besonderes Biotop –, um die Biodiversität zu erhöhen. Eine Reökologisierung der Landschaft, des Dorfes und der Landwirtschaft ist unumgänglich.

Dieses Gehöft in Montenegro besticht durch seine Bescheidenheit. Wissen, Tradition und Kultur machen aus einer Subsistenzwirtschaft ein tragfähiges System, bei dem eine gesamte Bevölkerungsstruktur ernährt werden kann. Eingebettet in einen Saum aus Wildsträuchern, punktet dieser Hof nicht durch austauschbare Fassaden, sondern durch die Qualität der Lebensmittel, die er produziert.

Wer einen Hof baut, braucht Weitblick. Die Investition in Werte, auf die noch die Nachkommen stolz sind, bedeutet Rohstoffeffizienz. Ein Hof, der Identitäten schafft und auch aus der Schönheit Gewinn schöpft. Lebensräume, tradierte Selbstverwirklichung, Geborgenheit.

Das Pflaster und der versiegelte Hof sind nicht nur Folgen der Praktikabilität, sondern auch Ausdruck der Überaktivität des Besitzers, der nur Arbeit wertschätzt und Ästhetik, Naturbeobachtung und den Genuss nicht kennt. Die Furcht, als faul gebrandmarkt zu werden, ist lebensfeindlich.
Die Bauernhofidylle ist ein wichtiger Beitrag für die Dorfökologie. Gegen das Insekten- und Vogelsterben.

Arbeit und Natur sind Bestandteile des gleichen Systems. Auch wo Holz gemacht wird, kann ein Frosch leben. Auch wo das Vieh wohnt, darf der Rand blühen.

Wenn man bedenkt, wie einfach, wie geräusch- und spurlos die alten Gebäude und die alte Kultur verschwunden sind und wie viel Energie die neuen brauchen werden, um zu verschwinden.

Dass die Natur immer wieder kommt, ist ein Zeichen, dass wir uns nicht gegen sie wehren sollten. Sonst kommt sie unerwartet und ohne liebliche Schönheit zurück.

Der Garten rund ums Haus muss mehr sein als die Fahrbahn eines Rasenroboters. Als Teil des Lebens sollte der Garten einen Beitrag leisten. Ob als Naturrefugium, als Genussoase oder als Lebensmittellieferant. Dass nicht jeder Zaunpfahl gleich aussehen muss, zeigt das Bild in beeindruckender Schönheit. Ein solcher Garten produziert Biodiversität, assimiliert Kohlendioxid und gibt Sauerstoff ab.

Seite 54/55
Dieser Bauerngarten von der Familie Ruf in St. Märgen wird seit Generationen nach altem Brauch gepflegt. Nützlich, schön und praktisch; drei Merkmale beschreiben heute wie vor tausend Jahren die Szenerie dieses althergebrachten Gartens.

„Bauerngärten – Gärten, die keine Ökosünden kennen."

Bauerngärten mit struktureller Vielfalt und verschiedenen Pflanzen bieten nicht nur dem Menschen ein reiches Angebot fürs Auge und für die Küche. Sie schaffen auch eine Heimat für viele nützliche Tier- und Pflanzenarten, die hier Schutz und Nahrung finden und deren Nähe uns große Dienste leisten. Schädlingsregulation, Bestäubung und das bunte Flattern erleichtern die Arbeit in Hof und Garten ungemein.

Seite 58/59
Ein lebendiger Zaun aus heimischen Materialien. Er spart Energie und lange Transportwege. Jede Region bietet auch das passende Material für den Zaun. Als Schutzzaun wird er umso wertvoller, je schöner er sich in seine Funktion einpasst. Sparsam in der Anschaffung, leicht in der Pflege, und nach Beendigung seiner Lebensdauer wird er wieder zu wertvollem Dünger. Kein exakter Plan liegt hier zu Grunde, keine Belastung durch Abfall folgt ihm nach. Nur handwerkliches und ästhetisches Geschick begründen seine Funktion.

C Die Tiere

In einem abgelegenen Tal in Bulgarien, an der Grenze zu Griechenland und zur Türkei. Einem Ort, den wir aufsuchten, um uns eine ursprüngliche Landschaft anzusehen, in der noch der Maskenwürger und viele andere Arten einer artenreichen Kulturlandschaft leben, entdeckte ich in einem kleinen Dorfladen eine Flasche Milch mit der Aufschrift „From an ecological clean region in Germany". Betrachtete man die Fülle der Insekten, die Käfer und die Libellen, die wir beim Baden im Fluss dieses Tales beobachten konnten. Hörten wir uns hinein in das Summen der Zikaden, der Grillen und das Singen der Vögel. So konnten wir den Satz nur wie Hohn deuten, denn in der ökologisch sauberen Region, aus der diese Milch stammte, war der stumme Frühling auf den Weiden längst Realität. Ein passiver Export des ökologischen Ausverkaufs. Billige Milch wird auch in diesen Ländern die Weiden bald veröden lassen. Weidewirtschaft als Garant für systemare Vielfalt wird sich nicht mehr lohnen, wenn unausgewogener Export Arbeitsplätze ungleich verteilt und Preise zerstört.

Tiere sind ein Schlüssel zu einer ökologischen, bäuerlichen Lebensweise. Tiere pflegen die Landschaft, verteilen Dünger und Samen, stiften Freude und Beschäftigung. Sie sparen Energie, sorgen für gesunde, regionale Lebensmittel und geben dem Hof das Bild, das wir von ihm erwarten. Ein schöner Bauernhof ist ein guter Bauernhof, wie D. Tompkins, Biobauer in Patagonien, meint. Kühe mit Hörnern, Schafe und Ziegen, Hühner, Enten und Gänse. Ein paar Pfauen. Ein Hund. Noch eine regionale Eigenart, wie Perlhuhn, Esel oder Wachteln. Ein Hof, wie aus dem Bilderbuch. Ein Hof, der Faszination vermittelt fernab von Protz und beängstigenden Maschinen, die vor allem durch den Faktor Respekt und Angst punkten.

Tiere sind wichtig – aber natürliche Tierhaltung erfordert Wissen, Können und Liebe. Leider verschwindet das Wissen, dass Käse- und Fleischvielfalt auch eine Vielfalt von Kühen voraussetzt. Die Regionalität, die Rassen, das Individuum und auch die Natürlichkeit des Umfelds stiften den Unterschied zum eintönigen Massenauftreten im Laufstall. Viehhaltung, das Halten von Haustieren ist etwas Besonderes. Es unterscheidet sich vom Zoo in vielerlei Hinsicht. Haustiere sind domestizierte Wildtiere.

Dass Massentierhaltung schädlich ist, ist unumstritten, dass sie mittlerweile ein Zwang ist, wenn man als Bauernfamilie überleben will, ist eine Schande.

Es ist schade, dass die Landwirte, sobald der Wetterbericht auch nur annähernd das Wort „Regen" andeutet, alle losziehen, um die ihnen vom Konsumenten aufgezwungenen Güllemengen in unser aller Grundwasser zu entsorgen.

Es ist schade, dass sich die Gesellschaft spaltet und jeder im anderen den Schuldigen sucht. Der Konsument in der Gülle, der Landwirt im Hundekot. Wer eine 60-Cent-Grillwurst auf den 500-Euro-Grill legt, sollte das bedenken. Legen wir lieber ein 6-Euro-Steak auf das Feuer aus Gartenreisig.

Und es ist schade für die Natur, das Grundwasser, die Wiesenökosysteme, das Klima und die aquatischen Lebensräume. Denn den Wert dieser Aspekte, wenn sie intakt wären, berechnet niemand mit ein, angesichts der aufgeheizten zwischenmenschlichen und wirtschaftlichen Debatte.

Flüssigmist und Hundekot wirken banal, sind aber Kernthemen. Der Flüssigmist, weil er zu schnell ins Grundwasser gelangt und zugleich zeigt, dass das Vieh nicht auf Stroh liegen darf. Der Kothaufen als Symbol des Insektensterbens. Wo sind die Fliegen, die den Kot zersetzen? Wo sind die Käfer, die ihn als Brutplatz aufsuchen. Entwurmungsmittel, Medikamentenreste, Pestizide und Zusatzstoffe in den Ausscheidungen der Haus- und Nutztiere greifen um sich. Der „Beton-Kuhfladen", ein Phänomen, an dem alle Insektenfreunde verzweifeln. Tot und hart liegt er auf der Weide, neben dem Hundedreck. Der Mist ist tot – es lebe der Fladen! Jeder, der sich damit beschäftigt, merkt es. Kuhfladen, Pferdehäufen und all der andere Mist ist lebendig, je extensiver und naturnaher die Landwirtschaft. Auf dem Balkan die pillendrehenden Mistkäfer, in Polen die Dutzenden Bläulinge pro Pferdeapfel, die Weiden der Pyrenäen oder des Zentralmassivs voller seltener Fliegen und Käfer - und unter ihnen Emus hirtus, der König des Fladens. Nur wer aktiv auf Kuhfladen achtet, wer von Fladen zu Fladen geht und sie beobachtet, aus Faszination oder aus wissenschaftlichem Interesse, wer das europaweit macht, der weiß, was hier fehlt, der weiß, was er antworten muss, wenn jemand froh ist, dass die Stubenfliege nicht mehr schwirrt. Der weiß auch die Antwort auf die Frage, wofür brauche ich Schmeißfliegen und Mistkäfer. Das Problem ist grundlegend. Das Insektensterben ist real. Es geht nicht nur um das Hundekottütchen des ignoranten Spaziergängers und den Flüssigmist des Massentierhalters; wir sind längst eine Stufe weiter. Das Bienensterben ist in aller Munde – das Sterben und Fehlen der Zersetzer, der Destruenten, merkt kaum jemand. Der flüssige Mist versickert unzersetzt, wäre das nicht so – wer würde ihn zersetzen?

1. Geflügel

Werfen wir noch einmal den Blick auf die Bilder, die mit dem Wort „Bauernhof“ verbunden sind: Ein Haus, eine Scheune, ein Stall, ein Hofraum, ein Obstgarten, ein Gemüse- und Kräutergarten, eine Hühnerschar, bewacht von einem stolzen Hahn. Gänse und Enten auf dem Weiher. In unserer Erinnerung und Vorstellung ist der Bauernhof bis in die Anfänge der 60er-Jahre des 20. Jahrhunderts ein angenehmer, lebensbejahender Ort lebendiger und gesunder Vielfalt an Tieren. Dort haben auch die Hühner, Enten und Gänse in kleinen Scharen ein angesehenes, zufriedenes Leben.

Tagsüber verlassen die Tiere den Stall und streifen im Hof umher. In den angrenzenden Obstbaumwiesen, in der Tenne, auf dem Misthaufen, im Weiher suchen sie sich einen Teil des Futters selbst. Der Tisch ist reichlich und vielfältig gedeckt. Als Allesfresser finden sie Samenkörner und Wildkräuter, die zu Großmutters Zeiten noch reichlich im Hofraum und dessen Umgebung wachsen. Würmer werden als Delikatesse besonders gern verspeist. So mancher Regenwurm wird aus dem Erdreich gezogen und sogleich verschlungen. Wenn ein unmittelbar danebenstehendes Huhn ihn vorher erwischt, dann ist das Gezanke besonders groß im Hühnerhof. Vom Teilen halten die Hennen nicht viel. Anders der Hahn, der macht all seine Hennen auf seine Entdeckung aufmerksam und lädt sie förmlich zum Verspeisen seines Fundes ein.

Trotz der stetigen Suche, von morgens bis abends, nach Futter, bekommen sie den Kropf nicht voll genug. Essensreste, Weizen-, Gersten- und Haferkörner auf dem hartgetretenen Vorplatz des Hühnerstalles ergänzen das Suchen. An leeren Eierschalen haben sie ganz besonders große Freude. Die werden im Nu aufgepickt; der darin enthaltene Kalk soll weiterhin festschalige Eier garantieren.

In natürlichem Rhythmus wächst das Geflügel völlig stressfrei zu glücklichen Tieren heran. Sie dürfen ihre angeborenen Verhaltensweisen voll ausleben. Es sind Tiere, die ihre naturgemäßen Bedürfnisse, wie Nahrungsaufnahme, Lege-, Brut-, Körperpflege-, Ruhe- und Schutzverhalten, artgemäß befriedigen können. Bei Regen, Hitze und Kälte, bei fast jeder Witterung, kommen sie aus dem Stall. Sind die Witterungsverhältnisse einmal ganz extrem, so finden sie in der Tenne oder im Kuhstall Zuflucht.

Die Bilder in diesem Buch zeigen noch glückliche Hühner, Enten und Gänse. Doch sie zeigen auch in tiefer Verzweiflung und ohnmächtiger Wut auf die Übergriffe von uns heutigen Menschen auf das Tierleben. Mit welchem Recht haben wir ihr glückliches Leben zerstört? „Wer oder was“, um mit den Worten von Astrid Lindgren zu sprechen, „zwingt denn die tierfreundlichen Bauern dazu, eine derartige legale Tierquälerei mitzumachen?“ Sie liefert die Antwort gleich mit: „Gewinnerzielung ist das Schlüsselwort! Es ist die Gewinnerzielung, die so große Opfer erfordert und aus jeder Produktionseinheit mehr und mehr herausholen will.“

Das Hühnerleben spielt sich leider oft in Legefabriken ab, also nicht mehr auf dem traditionellen Bauernhof, einem Familienbetrieb. Es sind Hühner, an deren Stalltür „Zutritt verboten“ steht, deren Stallungen fensterlos sind, die in Schuppen und Hallen zu Hunderten, oft Tausenden in Bodenhaltung oder in Legebatterien zu Hunderttausenden auf engstem Raum, in erzwungener Bewegungslosigkeit zusammengepfercht, zu Legemaschinen degradiert dahinvegetieren. Auch der Halter wird degradiert. Bauer ist er nicht mehr und selbst als Unternehmer muss er nur noch das Risiko tragen – den Rahmen diktiert die Industrie.

Erfreulicherweise ist die Verbannung der Hühner noch nicht bei allen Bauern die Regel. Vereinzelt hat sich noch eine Bauernhofidylle jenseits der Agrarindustrie bis in unsere heutige Zeit hinübergerettet.

Niemand wird wohl in Abrede stellen wollen, dass Hühner, Enten und Gänse empfindungsfähige Wesen sind, die sehr wohl in der Lage sind, sowohl Angst, Schmerz und Leid wie auch Freude und Zuneigung zu erfahren.

Da wir imstande sind, Religionen und Ethik in unser Leben miteinzubeziehen, dürfen wir nicht länger zuschauen und dabei tolerieren, wie unschuldige Tiere zu Millionen gequält und abgeschlachtet werden, nur damit Menschen Gewinne erzielen, wir unsere Gelüste befriedigen können.

Nur Freilandhaltung in kleinen Herden ist eine akzeptable Geflügelhaltung. Jedes Tier hat den Anspruch auf Erde, Luft und Sonnenlicht; alles andere ist eine qualvolle Einschränkung. Diese Haltung bietet allen Vorteile – dem Haustier, aber auch dem Menschen.

Ihre Produkte legen einen kurzen Weg bis zum Verbraucher zurück. Direkt auf den Tisch der Familie, zum Nachbarn, ins Nachbardorf und zum Markt in die nächste Stadt. Ein niedriger Energieverbrauch für die Geflügelhaltung und die -verwertung.

Seite 64/65
Dass der Truthahn ein besonderes Festmahl krönt, zeigt seine Seltenheit auf dem gesunden Hof. Keine Massentierhaltung, die Antibiotikaresistenzen erzeugt, sondern zwei stolze Truthähne spazieren munter in der Hühnerschar und beeindrucken durch das Plustern und Gebaren. Sie sind die Schmankerl eines Geflügelhofs. Optisch und kulinarisch.

Hühner sind unverzichtbar. Wenn Sie auf einem Bauernhof Urlaub machen und dort Hühner frei umherlaufen, den Hof absuchen und der Hahn kräht, dann sind Sie auf einem Bauernhof, der auf Kreisläufe achtet. Denn das Huhn macht aus fast allem Eier und Fleisch.

Kein Tier auf einem Bauernhof erntet wohl mehr Aufmerksamkeit als eine Hühnerschar. Das Beobachten der verschiedenen Verhaltensweisen ist spannend. Alles ist zu entdecken: menschliches Gehabe, aber auch Anzeichen einer engen Verwandtschaft zu den Dinosauriern.

Es könnte viel Tierleid und die anderen Folgen der Massentierhaltung erspart bleiben, wenn sich wieder mehr Menschen diesen lieblichen und friedlichen Anblick in ihren Hausgarten holen würden. Der Trend geht zum Eigenhuhn.

Es ist Verwerter von Abfällen, Lieferant von Fleisch und Eiern, reproduziert sich selbst und ist in jedem Fall eine optische und seelische Bereicherung für den Garten, welchem es große Attraktivität gibt.

Die Rassevielfalt unserer Hühner braucht kein Zweinutzungshuhn. Die Diskussion um das Zweinutzungshuhn ist eine Folge der industriellen Tierhaltung. Anstatt auf die genetische Vielfalt der heimischen Rassen zu setzen, soll eine einzige Hühnerrasse alle Erfordernisse des Hühnerkonsums erfüllen.
Rassevielfalt schützt vor Krankheiten. Regionale, klimatische Besonderheiten werden durch das enorme Potenzial der verschiedenen standortheimischen Rassen ausgeglichen. Im Krisenfall kann so durch regionales Wissen global geholfen werden.

Gänse sind die stolzesten Vertreter des Hofgeflügels. Sie erfüllen eine wichtige Schutzfunktion und sind daher unverzichtbar. Durch das schnelle und wehrhafte Alarmschlagen bei Bedrohung warnen sie den Geflügelhalter vor ungebetenen Gästen. Und der Braten schmeckt vorzüglich.

Wassergeflügel ist das Zeichen einer intakten Dorflandschaft. Nur in einem Dorf mit ausreichenden Gewässern kann Wassergeflügel rassegerecht gehalten werden. Diese Gewässer bieten zugleich Rückhaltebecken bei Überflutungen, sichern ein angenehmes Klima im Sommer und erfüllen wichtige Funktionen der Schädlingsregulierung durch die Anwesenheit von Libellen und Amphibien.

Alles, was der Mensch zum Leben braucht, bezieht er von alten Haustierrassen. Rassegerechte Gänsehaltung bedeutet freier Auslauf der Tiere mit der Möglichkeit, ins Wasser und auf Wiesen zu gehen und sich im Hof aufzuhalten.

Seite 72

Es ist an der Zeit, das Enten-Dasein auf dem Bauernhof und im Dorf wieder zu beleben. Auf dem Weg zum Bad im Dorfteich vertilgen sie auch die überhandnehmenden Schnecken. Sie legen bis zu 300 Eier im Jahr und geben auch Daunen für die Federbetten.
Der moderne, geteerte, gepflasterte und versiegelte Bauernhof hält kein Regenwasser zurück, er duldet keine frei herumlaufenden Enten, die ihn verschmutzen können. Er ist leb- und lieblos geworden.

Rassegerechte Tierhaltung ist nur gerechtfertigt, wenn nicht allzu viele Tiere pro Fläche gehalten werden. Der Tierschutz muss Vorrang vor wirtschaftlichen Interessen haben. Daher ist es besser, mehrere Kleingruppen verstreut über ein Gebiet, d. h. auf mehrere Bauernhöfe verteilt, zu halten.
Auch die Vielfalt der alten Haustierrassen mit ihrem wertvollen Genmaterial trägt zur vollen Funktionalität einer Region bei. Mit ihm gilt es, die Diversität der Eigenschaften der Tiere in die Zukunft hinüber zu retten: Eigenschaften, wie die Anpassungsfähigkeit, die Genügsamkeit, die Langlebigkeit, die Krankheitsresistenz, die hohe Fruchtbarkeit, die gute körperliche Verfassung und die einfache Einkreuzbarkeit mit anderen lokalen, irgendwo auf der Welt lebenden Rassen. Ihre guten, regionalen Produkte lassen sie Weltkulturerben erster Klasse werden.

2. Groß- und Kleinvieh

Neben dem Geflügel sind Säugetiere die wichtigsten Partner des Bauern. Sie treten in einer großen Artenvielfalt auf und wurden aus unterschiedlichen Gründen domestiziert. Biologisch handelt es sich bei allen Hoftieren, mit Ausnahme der Katze, um Arten, die gerne in Herden, Rudeln oder Rotten durch die Landschaft streichen und so eine gewisse Affinität zum geselligen Leben auf dem Bauernhof haben – sie lassen sich domestizieren und als Rasse unter die Fittiche des Menschen nehmen.

Die Ernährungsvielfalt ist vorwiegend pflanzlicher Natur. Pferde und Rinder bevorzugen größere Weidesysteme. Ziegen und Schafe begnügen sich oft mit Randstrukturen. Bei der Ziege darf das Futter auch holzig sein. Diese exemplarisch für Mitteleuropa erarbeitete Einnischung lässt sich auf andere Regionen der Erde übertragen. Meist bleibt sogar die Zusammensetzung der Tiere vergleichbar, wenn nicht die in Südamerika oder Teilen Afrikas gebräuchlichen Kamele Teile der funktionalen Kette übernehmen.

Neben der ökologischen Einpassung in das vielfältige Hofsystem sind auch die Nutzungsaspekte durchaus unterschiedlich. Vom Zugtier über das regelmäßige Abgeben von Milch und Wolle bis hin zur Fleischproduktion sind die Aufgaben recht unterschiedlich. Meist differenziert sich diese Funktionalität zusätzlich innerhalb der Rassen.

Eine gewisse Außenseiterrolle hat das Schwein. Es ist nicht ausschließlich Weidetier, sondern steht durch seinen vielfältigen Speiseplan auch in Teilen in Konkurrenz zum Menschen. Dieser ausgewiesene Allesfresser könnte demnach auch mit Endprodukten gemästet werden, was seine ökologische Rolle bedenklich machen würde.

Auf einem Hof, der nicht der Masse verpflichtet ist, ist das Schwein ein multifunktionaler Helfer. Vom Weiden über das Suchen nach erdbewohnenden Schädlingen, in Verbindung mit dem Wühlen, bis hin zur Verwertung von Küchen- und Produktionsresten und Abfällen liefert das Schwein kostbare Dienste.

Bei der Haltung von Groß- und Kleinvieh ist die tierfreundliche und rassegerechte Haltung eine Selbstverständlichkeit. Für das leibliche Wohl, das uns die tierischen Produkte liefern, müssen wir als Verbraucher und als Halter für das Tierwohl sorgen. Lebensmittelskandale und aufgedeckte Haltungsdefizite sprechen da leider eine andere Sprache. Auch hier sind die Bauern Getriebene des Marktes. Spätestens, wenn wir an einem lauen Sommerabend unsere 65-Cent-Grillwurst auf den teuren Markengrill legen, sollten die Alarmglocken schrillen. Auch sollten sich unsere Augen öffnen, wenn wir im Urlaub in Polen oder Frankreich sind und dort bei einer Metzgerei frischen Schinken kaufen. Der Duft, das Aroma, die fühlbare Handwerkskunst in den Produkten sind in unserem Land des Formschinkens verloren gegangen.

Der Slogan der regionalen Produkte scheint sich zunehmend einzubürgern. Aber eine hornlose, regionale Kuh ohne Weidegang ist nicht weniger verwerflich, nur weil ihre Milch oder ihr Steak nicht transportiert wurde. Auch der örtliche Bauer, der seine Schweine auf Spaltböden hält, aber beim regionalen Metzger verkauft, vergreift sich am Leben. Regionalität ist kein Freischein für gedankenlosen Konsum.

Unsere Höfe müssen wieder Sinnespfade werden. Ganzheitliche Sinnespfade. Für die Ohren. Das grunzende Schwein im Auslauf, der rufende Pfau, die muhende Kuh. Sie müssen den Augen schmeicheln. Durch Schönheit, Kunst und Architektur. Sie müssen der Nase und dem Gaumen schmeicheln – nicht erst auf dem Teller. Nein, auch die Tiernahrung muss appetitlich sein. Der Geruch frisch gedämpfter Kartoffeln, jene mit Makeln, die Kleinen oder Drahtwurmigen. Der Duft kerniger Öle, die das Futter ergänzen und uns an Wohlbefinden erinnern. Der aromatische Duft von Heu, der die Kräutervielfalt widerspiegelt und uns Urlaubsgefühle beschert.

Nur ein Hof für die Sinne kann im Dorf existieren. Und ins Dorf gehören die Höfe. Nicht hinaus aufs anonyme Feld, wo der Gestank der Gülle, der Lärm der Traktoren, das Schreien der entmutterten Kälber verhallt. Der Hof für die Sinne kann neben dem Kunden existieren, er braucht keine Urkunden und Zertifikate. Er ist regional, er ist geduldet, er ist Leben.

Kühe

Rinder sind in fast allen Teilen der Welt wichtige Nutztiere des Menschen. Alle heute domestizierten Rinderrassen Europas haben als Stammform den Auerochsen (*Bos primigenius*). Die in Indien und Afrika lebenden Zebu-Rinder haben *Bos primigenius namadicus* als ihre Vorfahren. Jede domestizierte Art hat jeweils nur eine Wildtierart als Stammform. Aus dieser Stammform entwickelten sich durch Selektion und Züchtung eine Vielzahl an Rassen mit unterschiedlichen Anpassungen und Optimierungen.

Man spricht bei vielen Rinderrassen auch vom Zweinutzungsrind, ja auch vom Dreinutzungsrind. Man nutzt die Milch der Rinder in verschiedenen Formen; zudem wird das Fleisch der Schlachttiere gegessen. Wenn sich das Rind zusätzlich als Zugtier zum Einspannen eignet, dann steht es dem Bauern für drei Nutzungszwecke zur Verfügung. Diese drei Nutzungsformen Fleisch, Milch und Arbeit kennt man bei ungefähr 450 auf der Erde vorkommenden Rinderrassen.

Rinder sind daher Antriebsmotoren der menschlichen Kultur. Sie bewegen und ernähren. Diese erbrachte Hilfe ermöglicht es dem Menschen, produktiver zu sein und seine Zeit effizient zu nutzen. Kulturelle Aktivitäten werden ermöglicht. Eine wichtige Rolle spielt das Rind als domestizierter Ökosystemingenieur. Unter Ökosystemingenieuren versteht man zumeist Wildtiere, die durch ihre Aktivitäten einen Lebensraum aktiv beeinflussen. So zählt der Biber durch seine Dammbauaktivitäten zu den wohl am meisten missverstandenen Ökosystemingenieuren, dessen Leistung wir neu betrachten und neu bewerten müssten. Aber auch Ameisen und Maulwürfe verändern Lebensräume nachhaltig, da sie durch die Haufenstrukturen Keimbeete mit unterschiedlicher Klimazonierung schaffen und so die Wiesen mit biologischer Vielfalt anreichern.

Rinder zählen zu den domestizierten Ökosystemingenieuren, da sie vom Menschen eingesetzt werden und aktiv ein Offenlandökosystem erhalten und gestalten. Kühe sind zudem Wiederkäuer und verarbeiten so große Mengen an Futter, die für Lebewesen ohne zusätzliche Verdauungsfunktionen nicht verwertbar sind. Dadurch machen sie aus Grasland letztendlich – auch über den Umweg Fleisch und Milch – wertvollen Humus und binden CO_2 in doppelter Weise. Einmal durch das Herstellen von Humus und eben durch den Erhalt des artenreichen Graslandes, welches eine der bedeutenden CO_2-Senken unserer Breiten ist. Wie wir in den Kapiteln „Wiesen“ und „Weiden“ zusätzlich erläutern, ist der Verzehr von Weidefleisch daher ein wichtiger Beitrag zum Klimaschutz.

Generell müssen diese Weiden nicht als monotones Grünland verstanden werden. Alles Unversiegelte ist eine Weide. Vom Straßenrand, über den Feldsaum, bis hin zum Wald. Es gibt kein ungeeignetes Grünland und auch keine unnützen Pflanzen. So kann man unter Berücksichtigung der Rassevielfalt sagen, dass nie die falschen Pflanzen wachsen, sondern oft die falschen Kühe weiden. Der Erhalt von artenreichem Offenland durch angepasste, regionale Rassen ist ein wichtiger ökologischer Effekt, der nicht durch Naturschutzsubventionen, sondern vom gesunden Menschenverstand getragen werden sollte. Mehrkosten, die heute durch andere Töpfe externalisiert werden, können so gespart werden.

Die Kuh ist ein multifunktionelles Nutztier. Mehr als die vier bisher genannten Funktionen machen es wertvoll. Unverzichtbar ist es in einem an Kreisläufen orientierten Hof wegen seines Dungs. Dieser ist Ausgangsstoff aller Felddüngung. Humus, welcher durch den Dung der Rinder angereichert wird, sichert die Erträge und schafft einen Boden, den der Bauer schulden- und schuldfrei vererben kann.

Ein guter Mist ist aber haltungsbedingt. Flüssigmist, der aus Spaltenbödenställen stammt und der in Übermengen anfällt, ist tot. Er läuft ungebunden in die Kapillarstruktur des Bodens, ertränkt Regenwürmer und Bodenorganismen und findet sich im Fluss und im Trinkwasser wieder. Der Steuerzahler übernimmt die Kosten. Mist ist, was wir brauchen. Vermengt mit Stroh erzeugt er das, was der Acker braucht.

Das Stroh ist ein wichtiger Hinweis auf die Haltung der Rinder. Eine rassegerechte, das heißt wesensgemäße Haltung, ist die Grundlage hierfür. Das Tier kann hier das ihm wesensgemäße Verhalten ausleben. Die Milchkuh braucht als Haustier den Bezug zum Menschen. Sie genießt es, von ihm gefüttert (leibliches Wohl), gepflegt (körperliches Wohl) und gehegt (seelisches Wohl) zu werden.

In einem Anbindestall hat jede Kuh ihren festen Platz, kennt die Nachbarkuh, hat Ruhe zum Verdauen und Liegen, ohne sich mit anstrengender Platzsuche und Revierverhalten befassen zu müssen. Die Kuh hat dort engen Bezug zum Menschen, da der Bauer zum Melken zu ihr kommt und zwischen den Kühen sitzt. Regelmäßiger Weidegang im Sommer sowie täglicher Auslauf im Winter ist unbedingt nötig. Die Kühe müssen auf der Weide selbst Gras rupfen.

Der klassischen Anbindehaltung steht der Laufstall gegenüber. Im Laufstall gibt es frei zu wählende Liegeboxen und Fressplätze, die bei viel Platz und Ausweichmöglichkeiten für die einzelne Kuh angenehm sind. Sie kann sich bewegen, wenn ihr danach ist. Untersuchungen haben jedoch ergeben, dass Laufställe meist Stehställe sind, da in den Ruhe-, Verdauungs- und Fressphasen jede Kuh sowieso einen festen Platz einnimmt. Lediglich beim Wechseln zwischen Liege- und Melkplatz bewegen sich die Kühe. Austreiben ist seltener geworden, da ja die Kühe automatisch Bewegung haben. Doch wo bleiben die frische Luft, die direkten Licht- und Witterungseinflüsse und das eigene Grasrupfen?

Der Bauer hat zudem meist weniger Kontakt zur Herde, nur noch beim Aussortieren kranker, schlachtreifer oder hochtragender Kühe. Zum scheinbar art- oder gar rassegerechten Laufstall braucht man dann die stallgerechte Kuh, nämlich die enthornte. So kommt man unversehens zu einer Enthornungspflicht für die Kuh. Ist die Kuh in ihrer Bewegungsfreiheit eingeengt, in der Natur weniger, aber in Ställen, kann es Verletzungen durch das Horn geben. Dies passiert aber fast nur, wenn sich die Kuh bedrängt fühlt. In diesem Zusammenhang stellt sich die Frage nach der art- und rassegerechten Tierhaltung. Das Horn hat somit auch unmittelbar mit artgerechter Tierhaltung zu tun: Das Horn gehört zur Kuh, also braucht die Kuh eine Umgebung, die zum Horn passt.

Kühe tragen Hörner. Ursprünglich hat kein Mensch daran gedacht, den Kühen die Hörner zu entfernen, die sie von Natur aus tragen. Die Enthornung der Rinder ist nach unseren an der Natur geübten Erfahrungen und nicht zuletzt nach der Stimme unseres an christlicher Ethik orientierten Gewissens ein nicht hinzunehmender Eingriff in das Leben geschaffener Wesen.

Das Horn ist, anders als das Geweih, ein fest mit dem Schädelknochen verwachsener Bestandteil des Skeletts. Während das Geweih der Hirsche zur Balz verwendet wird und danach abgeworfen wird, bleibt das Horn der Hornträger (Bovidae) ein Leben lang erhalten und wächst mit. Oft wird dem Horn ursprünglich die Rolle der Verteidigung zugesprochen, ein plausibles Argument, das jedoch auch fraglich ist. Warum gibt es viele Paarhufer ohne solche Stirnwaffen? Wie können es sich die Hirsche erlauben, die Waffen abzulegen? Warum hat die Koevolution die Stirnwaffen nicht effizienter werden lassen, um den Druck der Fleischfresser zu reduzieren. Eine erweiterte Funktion des Horns steht somit im Raum. Eine temporäre Balz wäre auch mit den abwerfbaren Stirnwaffen möglich.

Aus diesem Grund wird dem Horn der Kuh auch eine physiologische Rolle zugesprochen, die in direkter Verbindung mit der Verdauung stehen kann. Beobachtungen von Rinderhaltern zeigen, dass sich die Temperatur des Horns beim Wiederkäuen stark erhöht und die Durchblutung steigt. Hornmilch zeigt zudem andere Zusammensetzungen und eine höhere Verträglichkeit bei Milchsensiblen. Die Rolle des Horns ist noch nicht ausreichend geklärt und erfordert dringend die fachwissenschaftliche Aufmerksamkeit.

Wir sind uns jedoch sicher, dass das Horn zur Kuh gehört. Das Entfernen von Schädelknochen ist in jedem Fall unnötige Tierquälerei.

Dass Tierschutz bei der Optimierung der Mensch-Tier-Beziehung eine wichtige Rolle spielt und auch rassespezifisch gedacht werden muss, ist eine Tatsache. Gegen geklontes Vieh wird protestiert, aber niemand protestiert gegen die geklonten Ställe, die überall gleich aussehen und die gleichen Tierschutzanforderungen zwanghaft umsetzen, wo doch die Kühe überall anders sind.

Aus diesem Verständnis heraus ist es ebenso wenig hinnehmbar, wenn eine naturnahe Tiervermehrung stillschweigend durch künstliche Besamung und Embryo-Transfer ersetzt wird, wenn einseitig materielle Zuchtziele aus würdevollen Rindern Milchkarikaturen machen. Wenn pflanzenfressende Tiere in menschlicher Obhut Kadaverkonzentrate in ihr Futter gemischt bekommen und lebende Schlachttiere für staatliche Prämien unter erbarmungswürdigen Bedingungen kreuz und quer durch Europa verschoben werden.

Wir leben von der Nachhaltigkeit der Vorfahren. Noch können wir umdenken und uns mit den Kuhrassen in die Zukunft bewegen, die unser Land am besten verstehen und nutzen.

Seite 78

Der Viehtrieb erfüllt wichtige soziale und ökologische Funktionen. Er setzt voraus, dass die Bauern miteinander sprechen und die Weidegrenzen respektieren. Der Viehtrieb hat aber auch noch die Funktion, Bauern mit den Menschen zu verbinden. Er beruhigt den Verkehr, da er Rücksichtnahme voraussetzt. Er entschleunigt das rasende Leben auf den Landstraßen ohne Hilfsmittel, wie Radarfallen und Bodenwellen.

Er hält Wegsäume extensiv offen, da die ziehenden Tiere ihn abfressen, und verhindert so das Mulchen der Straßenränder, welches energie- und biodiversitätsschädlich ist. Diese multifunktionelle Aufgabe, von der Vernetzung von Kunde und Bauer bis hin zum Energieeinsparen im Verkehr und der Verkehrssicherheit, zeigt den unterschätzten Wert des Viehtriebs.

Ob der Stier seinen Kühen oder dem Fotografen oder beiden imponieren möchte, das weiß nur er. Vielleicht nutzt er auch nur das vielfältige Angebot seiner Weide zum Staubbad.

Die zweimal täglich wiederkehrende Arbeit des Melkens mit den Händen: Kreszentia Gibis stellt ihren Melkeimer unter das Euter der Kuh und zwischen ihre Beine. Zuvor hat sie das Euter mit der Hand gereinigt. Den Kopf gegen die Flanke des Tieres gestützt, melkt sie mit den Fingern die Zitzen, abwechselnd mit der linken und der rechten Hand herabstreichend und ziehend, die warme Milch in den Eimer. Nur eine sorgfältig gemolkene Kuh gibt beim nächsten Melken genügend Milch.

Kühe werden seit einiger Zeit in Räumlichkeiten gehalten, wofür die Bezeichnung Stall nicht mehr zutrifft. Der Bauer muss nicht mehr wissen, was das Tier braucht. Der Computer teilt es ihm mit. Der Bauer hat sich von der persönlichen Betreuung seiner Tiere zurückgezogen, die Maschine kümmert sich um das Vieh.

Der Stall, das ist Behütetsein vor den jahreszeitlichen Unannehmlichkeiten der Witterung; das ist die Wärme im Stall. Die Unruhe der Tiere vor der Fütterung und dem Melken, das Fressen des Grases und des Heus, das Wiederkäuen der Tiere. Das ist die Berührung, das Reinigen und Streicheln der warmen Leiber. Das ist die Sorge um Geburt, Gesundheit, Leben und Tod. Das ist die Fürsorge um die Tiere, was ihren täglichen Weidegang einschließt.

Wenn die Kräuter des Futters im Futterkorb und der Misthaufen Vielfalt ausstrahlen, dann ist alles richtig gemacht worden.
Ein Kreislauf des vielfältigen Lebens, der über das Vieh hinausgeht und auch das Umfeld einbindet.

Seite 83
Das „Stallglück“ hängt davon ab, was die Kühe zum Fressen bekommen – Gras und Heu sind die erste Wahl –, welche Pflege sie erhalten und ob sie ausreichend Auslauf haben. Tägliches Hinauslassen auf die Weide ist zwingend und erhält das Tierwohl.

„Urlaub mach ich immer im Stall. Wenn ich das Melkgeschirr ans Euter gehängt habe, dann sitze ich auf dem Melkschemel und erhole mich."

Pferde

Aufgrund der Endlichkeit der fossilen Energiequellen und der durch sie hervorgerufenen enormen Umweltveränderungen befinden wir uns in einer Energiewende. Vom fossilen Energieträger zum erneuerbaren Energieträger. Eine Energiewende, die wir als einzigartig, neuartig und umwerfend betrachten. Vielleicht, weil die emanzipierten Medien diesen Schritt in ihrer vollen Tragweite erstmals ausführlich begleiten. Energiewenden gab es aber schon immer, wie sonst wären wir auf die Idee gekommen, fossile Energieträger zu fördern und zu verbrennen. Der Wunsch nach nutzbarer Energie ist so alt wie der handelnde (sprich: kochende) Mensch.

Vom Lagerfeuer bis zur Verwendung der Energie als Antrieb ist es zwar ein langer, aber ein logischer Weg. Als der Mensch merkte, dass man ihm bei ziehenden und transportierenden Arbeiten helfen kann, nutzte er eine neue Energieform. Zugtiere sind die erste energetische Revolution in der Menschheitsgeschichte. Erstmals wurde die Energie einer fremden Quelle genutzt, um uns das bewegte Leben zu erleichtern. Pferde und andere Zugtiere zogen Geräte und Wägen, trugen Waren und Menschen und trieben mit Hilfe von Göbeln Transmissionswellen an. In Deutschland arbeiteten vor dem Ersten Weltkrieg vier Millionen Pferde. Diese Zahl ist trotz der damals bereits bekannten Dampfmaschinen und Verbrennungsmotoren noch sehr hoch. Leise und schleichend vollzog sich in den 1970er-Jahren die große Wende. Das Pferd als Energieerzeuger wurde leise und schleichend von lärmenden Verbrennungsmotoren ersetzt. Obwohl diese durch Gestank und Geräusch auf sich aufmerksam machten, bemerkte kaum einer diese radikale Energiewende hin zum fossilen Rohstoff.

Das Pferd, das über viele Tausend Jahre neben all den anderen Nutz- und Symboltieren eine besondere Rolle eingenommen hatte, verlor seinen Nutzen und lebte fortan nur noch als Hobby und verherrlichendes historisches Bild weiter.

So wird der Bauer mit seinen Rössern mittlerweile als verklärendes Ideal einer vorindustriellen Zeit angesehen, obwohl die Rolle des Pferdes erst Mitte des zwanzigsten Jahrhunderts, also mitten in der Industrialisierung, verloren gegangen ist, da das Pferd auf dem Acker und auf dem Weg zwischen Bahnhof und Endverbraucher noch lange ein wichtiges Bindeglied war.

Die Ökologie der Pferdehaltung beginnt bei der Anzucht der Jungpflanzen und der Humusgewinnung. 80 Zentimeter Pferdemist im Frühbeet heizen dieses zwei Monate lang. Schon im Januar oder Februar kann dann eingesät werden. Im Spätherbst bleibt ein von Regenwürmern durchzogener Humus zurück. Keine teure Bodenheizung mit teurem Heizöl ist notwendig. Kein Kunstdünger muss eingesetzt werden. Das Pferd frisst die Weide sauberer leer als eine Kuh. Kuhmist lässt sich unter Beigabe von Pferdemist wegen seiner Eigenwärme schneller verkompostieren. Der Gehalt an Phosphor im Dung ist höher als im Kuhmist, was einen Zukauf von mineralischem Phosphatdünger erübrigt. Pferdeweiden fördern das Pilzwachstum. Schnecken und andere Schädlinge finden sich dort ein und nicht im Feld oder im Garten.

Die Erkenntnis von Fachleuten der Vereinten Nationen anlässlich einer Konferenz über neue und erneuerbare Energiequellen in Nairobi merkte an, dass Tiere wichtige Energieträger seien, da die Hälfte der Böden in den Entwicklungsländern mit Hilfe von Tieren bearbeitet wird. Der UNO-Bericht kommt daher zu dem Ergebnis, dass auch in Zukunft die tierische Energie von Zugtieren subventioniert und gefördert werden muss.

Die Forderung, dass Kaltblutpferde in der Landwirtschaft wieder zum Einsatz kommen müssen, ist nicht realitätsfremd. Sie muss in die Tat umgesetzt werden. Die Amish sind das Vorbild beim Einsatz von Pferden in der Landwirtschaft. Ihre Landwirtschaft gilt als vorbildlich bezüglich der Umweltverträglichkeit, der Fruchtbarkeit der Böden und des Humusaufbaus.

Prof. Dr. Max Thürkauf veröffentlichte 1978 in der Zeitschrift „Das Tier" einen Bericht unter dem Titel „Vorwärts zum Pferd" mit folgender Schlussfolgerung: „Wenn man das Netto- und nicht das Ich-bezogene-Bruttosozialprodukt einsetzt, ist das Pferd wirtschaftlicher als der Traktor. Die Ausrottung des Pferdes durch den Traktor war außerordentlich kurzsichtig. Bei einem Wirkungsgrad von höchstens 20 % verbraucht ein Automobilmotor unersetzliche Rohstoffe und erzeugt Abgase. Der Wirkungsgrad des Pferdes dagegen beträgt nahezu 100 %, es verbraucht keine unersetzlichen Rohstoffe und erzeugt keine giftigen Rückstände."

Wenn man wirklichkeitsnah sein will: Das Pferd kann man essen. Und menschlich gesehen: Man kann es lieben. Ein essbarer, liebenswerter Traktor.

F.-K. Rödelberger folgert daraus in seinem Buch „Bodenlos" (Novalis Verlag), dass ein Bauernhofsystem ohne Pferd unvollständig ist und krankt. Ähnliches erkannte auch Winston Churchill, als er erklärte, dass die Verdrängung des Pferdes durch den Explosionsmotor als besonders düsterer Meilenstein in die Geschichte der Menschheit eingehen werde.

Die Forderung nach einer Landwirtschaft mit Pferden wird unter anderem in dem Bericht „Arbeitspferde im Naturschutz" gewürdigt. Dank moderner und effektiver, pferdegezogener Geräte ist der Einsatz von Arbeitspferden ökonomisch gerechtfertigt. Die Wirtschaftsweise ist klima- und bodenschonend. Ganz allgemein schützt sie die Natur und Umwelt. Darüber hinaus werden seltene Kaltblutpferderassen erhalten und die Agrobiodiversität gefördert. Pferdearbeit hat zudem eine ausgezeichnete biologische und ökologische Bilanz. Als regenerative Energiequelle setzt sie Sonnenenergie übers Fressen von Gras und Heu effizient in Arbeit um. Somit ist die Arbeit mit Pferden nahezu CO_2-neutral. Des Weiteren liefert das Pferd Dünger, Fleisch, Leder und Leim.

Beim Einsatz eines modernen Vorderwagens erspart man sehr viel Kraftstoff und arbeitet dennoch auf komfortablem Niveau. Auch die Aspekte der modernen betrieblichen Gesundheitsvorsorge werden berücksichtigt – der krumm buckelige Bauer ist daher ein Relikt vergangener Tage. Ausgeschiedener Mist ersetzt den industriell hergestellten Kunstdünger, fördert die Humusbildung und erhöht die Nährstoffe im Boden.

Allein aus diesen Gründen sind die Gesetzgeber – weltweit – in der Pflicht, den Einsatz von Zugtieren in der Landwirtschaft tatkräftig zu fördern.

Die Arbeit mit Pferden hat geringere negative Einflüsse auf die Ökologie der Böden. Dieser Aspekt kommt auch den Bodenbrütern, den Bodenorganismen und anderen Tieren zugute, da die langsamere Arbeitsweise auch der Pflanzenvielfalt nützt, da nicht die ganze Vegetation auf dem Schlag in kürzester Zeit bearbeitet werden kann und so kleinere Betriebe mit kleineren Flächen geschaffen werden – und eine vielfältigere Landschaft entsteht.

Wenn alle Kosten, vor allem die Bereitstellung fossiler Energie, die Kosten der Schäden an der Umwelt und an den Menschen, die Arbeitsplatzvernichtung auf dem Lande, der industriellen Landwirtschaft angerechnet würden, dann ist eine Landwirtschaft mit dem Einsatz von Pferden als Zugtiere wirtschaftlich mehr als konkurrenzfähig (Studie der Michigan State University/Erhard Schroll, Interessengemeinschaft Zugpferde, www.starke-pferde.de). Menschen würden wieder eine Perspektive erhalten, auf dem Land zu leben. Das Handwerk würde neu belebt und nachhaltige, dezentrale Wirtschaftsstrukturen entstünden. Der soziale Frieden wäre nachhaltig gesichert.

Sächsisches Kaltblut:
Das Zuchtziel ist ein schwerer Arbeitsschlag, wie ihn der Belgier verkörpert, mit seinen guten Eigenschaften, wie Nervenstärke, Leistungsbereitschaft, Anspruchslosigkeit, gesundheitliche Stabilität und Robustheit.
Dieses massig-wuchtige und gut bemuskelte Pferd wird in den Farbschlägen Braunschimmel und Braun gezüchtet und dadurch vor dem Aussterben bewahrt.

*„War nicht das Pferd seit Jahrtausenden des Menschen treuester Begleiter?
War es nicht sein bester Helfer bei der harten Arbeit? Was ist denn jetzt plötzlich so anders geworden, dass wir es aus unseren Bauernhöfen verbannen? Ist das der Lohn für jahrtausendalte Treue?“*
(F.-K. Rödelberger, Bodenlos, 1990)

Schleswiger Kaltblut:
Die Familie Isenberg auf Gut Kamp ist der Retter des Schleswiger Kaltbluts. Dort werden bis zu 50 Stuten und Hengste gehalten.

Süddeutsches Kaltblut:
Das Süddeutsche Kaltblut verkörpert das schwere Zugpferd. Es ist aus dem Noriker-Pferd hervorgegangen. Es ist ein leistungsstarkes, zuverlässiges, ausgeglichenes, hartes, leichtfuttriges und zugstarkes Tier.

Comtois:
Sein guter Ruf bei den Bauern ist alt. Der Comtois, eine Varietät eines deutschen Kaltbluts, misst ca. 1,60 m und wiegt um die 800 kg. Er ist ein typisches Gebirgskaltblut, gewandt und wendig, muskulös und ausdauernd.
Die Ursprungsgegend ist das Franche-Comté, bekannt als Französisches Jura.

Percheron:

Arabische Pferde sind die Stammväter dieser seltenen Kaltblutpferderasse, die in der Region Perche in Frankreich gezüchtet wird. Sein Gewicht, um die 900 kg, lässt es außerordentlich kräftig sein. Für alle Zugarbeiten auf dem Feld und im Wald ist es bestens geeignet.

Seine Ausdauer, Genügsamkeit, Temperament und kraftvolle Wendigkeit, gepaart mit einem besonders umgänglichen Wesen, lassen hoffen, dass diese Kaltblutrasse auch aus genetischen und kulturellen Gründen dauerhaft fortbesteht.

Der Schwarzwälder Fuchs:
Wegen seiner einfachen Handhabung, der Verminderung des Bodendruckes, der leichten Bearbeitung von steilen Hängen und der Kosteneinsparung schätzen Bauern diese Rasse für landwirtschaftliche Arbeiten.
Es ist ein mittelstarkes, ungemein zähes, fruchtbares, genügsames, intelligentes und langlebiges, für die Bauernarbeit bestens geeignetes Pferd. Ein leichtes, robustes Gebirgs-Kaltblutpferd, vielseitig einsetzbar.

Seite 92/93
Schleswiger Kaltblut:
In den 60er-Jahren des 20. Jahrhunderts geht es mit der Zucht des Schleswigers rasch abwärts. Die Zahl der Hengste fällt auf unter 10, die Zahl der Stuten unter 100.
Sehr gut geeignet ist das Pferd zum Arbeiten als Zugtier in der Land- und Forstwirtschaft. Die Widerristhöhe beträgt 160 cm, sein Gewicht 750–850 kg.
Es ist lebhaft, aber gutmütig, ausdauernd und anspruchslos.

Pferde haben Schwänze – Kühe tragen Hörner.
Es bedarf keiner Erklärung, warum diese nicht amputiert werden dürfen. Es gibt keinen Glaubenskrieg um den Schwanz oder um das Horn. Allein die Tatsache, dass diese Tiere Schwänze und Hörner haben und dass es Geschöpfe Gottes sind, verbietet es dem Bauern, sie zu amputieren.

Schweine

Bis ins 18. Jahrhundert ähnelte das weit verbreitete Schwein noch einem Wildschwein. Sautreiber, die durchs Land zogen, hüteten die Schweine. Nur einen geringen Teil hielten die Bauern selbst. Im 19. Jahrhundert werden leichte einheimische Landschläge mit schwereren englischen eingekreuzt zum schweren, speckansetzenden, „veredelten, deutschen Landschwein". Seit den 1960er-Jahren verändert sich das Zuchtziel erneut. Die neuen Hochleistungsrassen sind oft stressanfällig, wenig angepasst; aber das Fleisch ist fettarm. Eine Anforderung an veränderte Essgewohnheiten. Das Fett als Aromaträger und mit ihm das durchwachsene Fleisch sind nebensächlich geworden. Aus gesundheitlichen Gründen wird das Essen von Schweinefett vermieden.

Die Verbraucher wollen extrem mageres, oft wässriges und weiches Fleisch. Eine Anforderung, die der eigentlichen Funktion des Schweins in der Nutztiervielfalt widerspricht.

Das Schwein füllt eine wichtige Lücke auf dem Hof. Es kann mit unbrauchbaren Lebensmitteln, wie kleinen oder verwurmten Kartoffeln, Molkereirückständen und biologischen Abfällen gemästet werden. Seine Fähigkeit zur Knollensuche im Boden erschließt dem Schwein einen weiteren ungenutzten Ernährungsraum auf dem Hof, auf der Weide und sogar im Wald. Die Eichelmast und der Einsatz des Schweins als Vertilger von Bodenschädlingen zeigen die universelle Einsetzbarkeit des Schweins. Als besonderes Beispiel gilt das Turopolje-Schwein, einer Schweinerasse auf dem Balkan, das in den natürlichen Feucht- und Flusslandschaften gezüchtet wird und sein Futter auch tauchend unter der Wasseroberfläche sucht. Eine Anpassung, wie sie schöner und nützlicher nicht sein kann. Aus ökologischen, ökonomischen und ethischen Gründen sollten aber die vom Aussterben bedrohten regionalen Schläge vermehrt und gehalten, aber auch gegessen werden. Weltweit gibt es etwa 150 Arten, deren wertvolle Genreservoirs es zu erhalten gilt. Dennoch sind Fleisch und Wurst ein Luxusprodukt, das nur bedacht auf den Tisch kommen sollte. Schützen durch Nützen, Schützen durch Aufessen.

Das Ziel der Schweinehaltung war – wie bei allen Tierhaltungen – die Verwertung von für den Menschen Unverwertbarem und der Gewinn von Produkten und Funktionen, die ein anderes Lebewesen nicht bieten kann. Schweine sind im Prinzip Nahrungskonkurrenten des Menschen. Aus diesem Grund ist die globale Ernährung des Menschen über den Umweg Industrie-Schwein aus energetischen und nachhaltigen Gesichtspunkten nicht zu empfehlen. Die Hauptaufgabe der Schweinezucht ist das Produzieren von Schmalz und Fett zum Backen, Kochen, Würzen und für den direkten Verzehr. Ein mageres Schwein war niemals Ziel der Zucht. Zwar wurden auch magere Teile des Schweins verwertet. Der Hauptenergieaufwand bei der Schweinezucht diente stets der Fettoptimierung. Schmalz trägt, da es auf der Zunge schmilzt, die Aromen und den Geschmack einer Speise und ist somit ein natürlicher Geschmacksträger und -verstärker. Paradox ist es, dass diese Funktion heute nur dem Palmöl zugesprochen wird. Ein Teufelskreis. Das in Mengen sicherlich nicht gesundheitsfördernde Schweinefett wurde weggezüchtet, um mageres Schweinefleisch zu erhalten.

Auf der einen Seite proteinreiche Schnitzel, die aus der Mast von – mit Soja aus den Flächen der ehemaligen Regenwäldern – gefütterten Schweinen stammen. Auf der anderen Seite wird die Funktion des Fettes durch Palmöl ersetzt, das ebenfalls aus gerodeten Regenwäldern kommt. Ein System, das zeigt, wie wenig Zusammenhänge bei der Produktion und im Konsum eine Rolle spielen. Würde man die Fleischsorten wieder nach ihren Eigenschaften beurteilen und den menschlichen Eiweißbedarf nicht durch unnachhaltiges Schweinefleisch decken, so könnte man Energie sparen und das Klima schützen.

Das Schwein, ein intelligentes und soziales Tier, wird nur, um die Nährwerttabelle zu beschönigen, gequält. Das einstige Subjekt, der Stolz des Bauern und sogar des normalen Hausbesitzers, die Krönung der Tafel, der Wertstoffreaktor des Gartens und Bauernhofs wird zum puren Objekt des Lebensmitteldesigns. Rippenoptimierung, kupierte Schwänze, aufgepumpte Muskeln – alles nur, um den Ertrag zu steigern und damit der Schinken schön mager und riesig wird.

Wir brauchen dringend ein industrielles Abrüsten in der gesamten Landwirtschaft. Weg von den Turbomaschinen, weg von den Turboställen, weg von der Automatisierung. Objektivität wird überall als anstrebenswert betont. Aber sind Tabellen mit Futtermengen, automatisierte Boxen, GPS-gesteuerte Maschinen und Computerchips wirklich der richtige Weg, um mit Leben umzugehen? Kann man Leben automatisieren? Kann man Subjekte in Maschinenkorsette zwingen und ihnen so, zwar die exakt gleichwertige, aber die zugleich unendlich lieblose Pflege und Fürsorge aufzwängen?

Seite 98/99
Schweineglück:
Freien Auslauf gibt es auf den heutigen Industrie-Bauernhöfen so gut wie nicht. Von glücklichen Schweinen zu reden, das fällt einem beim Anblick dieser Ferkel nicht schwer. Auch, wenn sie vor ihrem natürlichen Ableben beim Metzger landen.
So darf dennoch davon ausgegangen werden, dass diese jungen Schweine mit Freude dem Auslass ins Freie entgegenstürmen.

Weißes Mangalitza- oder Wollschwein; Large Black – das „Große schwarze Schwein“:
Auch Schweine werden auf die Weide getrieben. Sie sind daher auch Botschafter guter Produkte und tragen durch den täglichen Gang durchs Dorf ihre Gesundheit und ihr Tierwohl zur Schau.

Seite 100/101
Schwäbisch-Hällische Schweine:
Freilaufende Schweine sind wichtige Helfer des Bauern. Sie bereinigen das Feld vor der Bebauung von Wurzelwildkräutern und reduzieren die Zahl der pflanzenfressenden Käferlarven im Boden. Auch wenn sie das Feld noch nicht vollständig für die Bepflanzung vorbereiten, so ist ihre Leistung in der Bodenlockerung doch enorm. Und rassegerecht ist diese Haltungsart allemal.

Angler Sattelschwein:
Der Kunde bekommt zu sehen, was er später isst, und wird ganz nebenbei zu einer vorsichtigen und entspannten Teilnahme am Straßenverkehr sensibilisiert.

Rotbuntes Husumer Schwein:
Die guten Eigenschaften einiger alter Rassen werden wieder geschätzt. Ihre extensive, bio-ökologische Haltung tut den Tieren, der Umwelt und dem Menschen gut.

Buntes Bentheimer Schwein:
Das schwarz-weiß gescheckte Schwein, eine alte Landrasse, erlebt bei Züchtern erneut Zuspruch. Es ist fruchtbar, widerstandsfähig gegen Krankheiten und anspruchslos in der Ernährung.
Schützen und Nützen ist das Gebot.
Erste Anzeichen, dass mit der Wiederbelebung der alten und gefährdeten Nutztierrassen die vorindustrielle Form der Landwirtschaft vielleicht doch bald wieder die modernste Form der bäuerlichen Kultur wird – als Garant einer sozialen, wirtschaftlichen und ökologisch nachhaltigen Welt.

Schafe und Ziegen

Schafe und Ziegen sind die Kühe des Kleinviehhalters. Nur wenige kommerzielle Landwirte beschäftigen sich daher mit der Haltung von Schafen und Ziegen. Dabei waren es diese beiden Tiere, die unsere Landschaft prägten, in dem sie den Übergang zwischen Wiesen und Weiden mit dem ungezähmten Naturwald nutzten und so eine Brücke schlugen zwischen Mensch und Natur. Diese Funktion des Brückenschlagens sieht man immer noch bei der Nutzung im Naturschutz. Das Offenhalten einer Landschaft ist durch eine extensive Beweidung gesichert. Die Beweidungsintervalle sollten jedoch etwa acht Wochen betragen, um die Flächen nicht zu übernutzen.

Beobachtet man gemischte Herden, so fällt sofort die ökologische Einnischung der Tiere auf. Schafe halten das Freiland offen und kümmern sich um Gräser und Kräuter. Für Ziegen hingegen kann das Futter nicht harsch genug sein. Je mehr Rohfasern die Pflanzen haben, desto lieber werden sie bevorzugt; zudem kommen sie in der Regel mit wenig Wasser, der Kälte und der Trockenheit mit viel Sonne gut zurecht.

Der Effekt für die Landschaftspflege ist enorm. Der Verbiss einer Ziege und das Beweiden eines Schafs sind besser und phantasievoller, als es je ein Landschaftsgärtner oder ein Naturschützer bei der Pflege von Biotopen erreichen würde.

Früher war diese Funktion nicht teuer durch Förderprogramme aufrecht zu erhalten, denn der Schäfer und der Wanderschäfer waren weit verbreitete Berufsgruppen. Von der Transhumanz, der saisonalen Wanderweidewirtschaft bis hin zum Pastoralismus, der Naturweidewirtschaft – eine Vielzahl von Hüteformen entwickelten sich. Diese haben heute in Europa an Stellenwert eingebüßt und werden oft idealisierend verklärt. Dabei ist diese Verklärung durchaus unangebracht, denn der Wert dieser Arbeit übersteigt den folkloristischen Hintergrund bei Weitem. Schäfer und ihre Herden waren und sind Vermittler. Sie erhielten klimaschonende Naturlandschaften durch die Nutzung. Sie schützten zum Beispiel den Lebensraum der Groß- und Zwergtrappe und schufen ein funktionales Ökosystem, indem sie Nährstoffe transportierten, die Winterweide düngten und im Kot und Fell Samen transportierten, um so die Wiesen botanisch anzureichern.

Zudem, und das ist wohl die Hauptsache, machten sie aus Gras wertvolle Rohmaterialien: Fleisch, Milch und Fasern. Diese Umwandlung ist revolutionär. Nur wenigen Syntheseprozessen ist eine derartige Energieneutralität zuzusprechen.

Die Verwandlung von Gras in einen Pullover ist ein Wunder. Was will man mehr, als nachhaltig und ökologisch handelnder Mensch? Ein Fell, ein Pelz oder ein Wollprodukt wird nach Ende der langen Nutzungsdauer Humus – ein syntethisches Produkt gibt bei jedem Waschgang Mikrokunststofffasern ins Wasser ab und zerbröselt nach der Nutzung zu Mikroplastik. Ungeachtet dieser einfachen Sachlage führten die energetisch und ökologisch fragwürdigen Errungenschaften der synthetischen Fasern aber auch die Zunahme des Ackerbaus zum Rückgang der Wanderschäferei und der Schafhaltung.

Wolle und andere unveredelte Produkte dieser beiden Nutztiere erbringen dem Erzeuger derzeit meist keinen ausreichenden Gewinn. Oft finden Schäfer nur noch im subventionierten Naturschutz ein Einkommen, eine fatale Entwicklung, denn nichts ist fragiler und unorganischer als subventionierte Systeme, deren Hauptsorge die Vermittlung des Nutzens für den Menschen ist.

Wir brauchen wieder mehr Ziegen- und Schafhirten. Menschen, die den Wegrain beweiden, statt ihn zu mulchen, und die Grünflächen von denen pflegen lassen, die dafür geschaffen sind.

Die Kühe des armen Mannes gehören wieder in die Fläche. Es ist nicht schwer, sie zu halten; man muss nicht einmal arm sein.

Auch die Hütehaltung mit speziell dafür geeigneten Hütehunden auf Brachland, abgeernteten Feldern und Wiesen, an Straßenrändern, muss sich wieder lohnen, des Landschafts- und Menschenschutzes wegen, aber auch um die alte Landrassenvielfalt wieder zu beleben.

In eine intakte Kulturlandschaft, die in einer funktionalen Natur eingebettet ist, gehört das Bild des Schäfers. Das Bild eines modernen Schäfers jedoch. Ein Schäfer, der das Wissen der letzten Jahrtausende optimal nutzt und vernetzt. Von der Tiergesundheit über das Wohl des Schäfers, über die rassegerechte Haltung in der rassespezifischen Landschaft, über das Tierwohl bis hin zur optimierten Direktvermarktung der tierischen Produkte, inklusive der Veredelung und Vermarktung. Aber auch die Herdenstruktur muss angepasst sein. Eine Schafherde im Elektrozaun am Waldrand? Das geht nur mit wehrhaftem Esel und agilem Herdenschutzhund, denn auch der Wolf ist Teil des Systems. Er muss zum größten Freund des Schäfers werden, denn beide haben es schwer – und nur zusammen sind sie stark.

Schafe sind wichtige Landschaftspfleger. Sie nutzen kleine Flächen und halten diese offen. Ihre volle Wirksamkeit entfalten sie zusammen in einer Herde mit Ziegen. Die Ziegen reduzieren den verholzten Aufwuchs und die Schafe revitalisieren die Kräuter.
Zu einer intakten Schafherde gehören zunehmend auch wieder Esel und Herdenschutzhunde. Diese beiden reduzieren Tierverluste in Regionen, in denen der Wolf heimisch ist.

„Den Raum, auf dem das Gras wächst, bewohnen auf der ganzen Welt zwei Rassen, die Bauern und die Hirten. Die Hirten spüren mit allen Fasern ihres Körpers die Beschaffenheit des Bodens. Und sie leiden, wenn bestimmte Ackerbaumethoden diesem übel mitspielen. Sie haben ein Auge für jedes einzelne Grasbüschel, denn das Gras ist der beherrschende Faktor ihres Lebens."

(Bertil Galland aus M. Imsand, Luigi der Schäfer, Stürtz Verlag, Würzburg, 1991)

Wolle und die Pelze anderer Tiere sind Naturprodukte. Das Verwenden dieser Gewebe ist ein Beitrag zum Erhalt ökologischer und sozialer Strukturen in der gesamten Fläche. Auch Schafhalter mit wenigen Tieren können so einen Beitrag zur Fleisch- und Bekleidungsherstellung liefern. Tierische Naturprodukte sind gesund und zerfallen nach ihrer Nutzungszeit zu Humus. Kunststofffasern basieren oft auf Rohöl und zerfallen zu Mikroplastik, welches sich in unserer Nahrungskette anreichert.

Die Vielfalt natürlicher Textilien und Materialien muss auch tierische Produkte aus rassegerechter und natürlicher Haltung beinhalten. Baumwolle, Kapok und Hanf reichen da nicht aus, da die Herstellung von Wolle und Pelz oft mit wichtigen sozialen und ökologischen Funktionen verbunden ist und bei guter Praxis von hohem Nutzen sein kann.

Seite 112/113
Die Beweidung durch Wanderschäfer im Herbst und Winter ist ein Kulturgut. Der Kot der Schafe düngt die Flächen und Wildblumensamen werden flächig durch den Kot und am Pelz haftend verteilt. So werden Wiesen artenreich und die Biodiversität bleibt hoch.

Die Beweidung von Ruinen und „Ödland“ mit Schafen und Ziegen erhält den Wert des Ruderalstandorts und wertet dieses Landschaftselement für Insekten und Pflanzen auf. Die Wand lebt. Im Verfall und mit den Ziegen als ihr Habitat.

Seite 114/115
Die Kuh des Klein-Bauern ist die Ziege. Sie gehört nicht in die Hände von Firmen, die sie in Massen halten und im wahrsten Sinne des Wortes „ausschlachten“ wollen.

Die Ziege liefert Milch und Fleisch; das Fell kann gegerbt werden. Um sich im Alter selbst zu versorgen, hält dieses Seldner-Paar im Waldviertel auf ihrem Kleinbauernhof neben einem Schwein, Hühnern und ein paar Gänsen auch eine Milchziege.
Ein Vorbild. Kleinviehhaltung ist ein Beitrag für eine funktionierende Zukunft.
Die Windstille im Innenhof des Vierseitgehöftes ist für die Ziege sehr angenehm, denn bei Zugluft sind Ziegen krankheitsanfällig.

Es ist artgerecht, wenn das Zicklein die Milch der Mutter bekommt. Das Füttern der Jungziegen mit Kuhmilch zur Steigerung der Ziegenkäseproduktion ist ein Zeichen von Ausnützung, ohne auf das Tier Rücksicht zu nehmen.

Seite 118
Viele Nutztierrassen sind vom Aussterben bedroht. Auf ca. 180 Rassen schätzt man weltweit die Vielfalt an Ziegen. Das Bewusstsein in der Bevölkerung wächst. Dank der Mithilfe von Bauern und Organisationen wie der GEH, der PSR und des VEGH können diese Schätze durch Schützen und Nützen in ihrem Bestand erhalten werden.

oben
Eine sorgfältig, sauber gemolkene Milch ist im Geschmack und Geruch weitgehend neutral. Großer Beliebtheit erfreut sich der Ziegenkäse, mit unterschiedlichen Gewürzen versehen und in Olivenöl eingelegt.

unten
Erst sehr spät, nachdem die anderen landwirtschaftlichen Nutztiere in vielen Rassen bereits gezüchtet worden sind, nahm man sich der Ziegen an. Unterschiedliche Ziegen in Körpergröße, Fellfarbe, Leistung, mit oder ohne Hörner, lang- oder kurzhaarige Tiere sind hervorgegangen.

oben
Die Ziegen können da gehalten werden, wo Schafe nichts mehr fressen.

unten
Sie ist das geborene Weidetier. Bevorzugt frisst sie Laub von Sträuchern. Sie findet auf kleinsten, kargen Flächen, an Wegrändern, Grabenrändern und Böschungen ihre Nahrung.

oben
Die Liebe zu einem Tier, wie hier der Ziege, darf sich nicht nur in Liebkosungen und Streicheleinheiten ausdrücken.

unten
Die artgerechte Haltung, d. h. das Laufenlassen auf strauch- und baumbestandenen, extensiv genutzten Weiden mit der Möglichkeit, jederzeit Wasser zum Trinken aufzunehmen, ist zum Wohlfühlen außerordentlich wichtig.

oben
Für diesen Stall muss man sich nicht schämen. Er zeugt von regionalen Baustoffen und guter Handwerkstradition. Außerdem ist er leicht zu reparieren und bietet den Tieren unter Umständen zusätzliche Spurenelemente, die sie herausknabbern können. Ein regional geschulter Gehilfe kann diesen Stall mit einfachen Mitteln reparieren, findet so Arbeit und spart Baustoffchemie und lange Transportwege.

unten
Die Ziege hat eine ökologische Funktion. Man kann sie bei Schafen mitlaufen lassen, um die Verbuschung der Landschaft zu verhindern.

D Arbeiten mit Tieren

Neben den Pferden spielen natürlich auch noch andere Zugtiere eine wichtige Rolle in der Deckung des Energiebedarfs. Ochsen, Kühe und Ziegen lieferten für kleinere Betriebe die nötige Arbeitserleichterung.

Die historische Einteilung in Kuh-, Ochsen- und Rossbauern, die vielfach auch eine negative, gesellschaftliche Konnotation hatte und eine Hierarchie im gesellschaftlichen Gefüge darstellte, ist jedoch eine sinnvolle Einteilung, im Sinne einer realistischen Einschätzung der örtlichen Gegebenheiten und Angebote.

Keines dieser anderen Zugtiere erreichte jedoch den multifunktionellen Nutzen des Pferdes, da ihm auch immer die Symbolhaftigkeit und der Machtanspruch innewohnte und es vor allem im dichten Siedlungsbereich und in den Städten die wohl engste Beziehung zum Menschen einging.

Der Schritt zum Verbrennungsmotor war eine Veränderung für die Sinne. Gerüche und Geräusche veränderten sich. Auch die Straßen und Wege wurden härter und vordergründig sauberer. Die erste Phase des Wandels mag Erleichterungen mit sich gebracht haben, die Schattenseite dieses Wandels sehen wir heute. Vom Pferdeapfel zum Feinstaub, vom Stallgeruch zum Stickoxid.

Was aber blieb, ist die romantische Vorstellung des Pferdeeinsatzes. Dieser überdauerte in Symbolen, in der Sprache und im Handeln den Wandel und zeugt davon, dass wohl mehr hinter dem Einsatz der Zugtiere steckte als die bloße Arbeitsteilung. Der Mensch und das Zugtier als Biozönose, als Gemeinschaft, die über den bloßen Zweck hinausgeht und Schönes schafft. Erinnerungen bilden, die über Generationen hinweg tradiert werden, die Wünsche und Bedürfnisse ausdrücken. Warum sonst fährt man heute mit dem Auto, das ja anscheinend alles erleichtert hat, zum Reiten?

Unsere Energiewende hin zu regenerativen Energien darf eines nicht vergessen. Die Anforderungen sind gleich geblieben. Das Ziehen und Befördern. Der Begriff Traktor leitet sich daraus ab. Wenn Verbrennungsmotoren Schäden hervorrufen und wir neue Energieformen suchen und diese in den seltenen Erden und der ungeklärten Bereitstellung von Elektrizität finden, dann müssen wir uns überlegen, ob ein essbarer Traktor nicht Teil der Lösung ist.

Der essbare Traktor: eine Zug- und Transporthilfe, die Wegränder pflegt und biologisch wertvoll hält, indem sie sich von den Pflanzen des Weges ernährt. Eine Hilfe, die zugleich Partner ist und Freude, Trost und Schönheit vermittelt. Die unserer Landschaft ein Bild zurückgibt, das in unserer Kultur nach wie vor fest verankert ist. Eine Zughilfe, die sich ohne Fabrikgebäude und ohne Schmieröle selbst reproduziert und am Ende ihrer Lebenszeit als Nahrung dient. Als Nahrung, die wir genießen können, in dem Wissen, dass sie würdevoll und gut behütet wurde.

Der essbare Traktor, sei es nun Pferd, Ochse, Rind oder Ziege, ist ein großer Bestandteil der Lösung unserer Energiefrage. Wir brauchen keine seltenen Rohstoffe, keine technischen Energien, keine Satelliten, um Kartoffeln zu hacken. Wir brauchen kein Fracking, kein arktisches Öl und keine Atomkraft, um die Betriebsstoffe unserer Zugtiere zu mähen und das Heu als idealen und gesunden Antrieb in die Scheune zu transportieren.

Heu, Stroh und die Pflanzen unserer Felder schließen den energetischen Kreislauf.

Mit der Hilfe unserer Ingenieure optimieren wir die Anbaugeräte der Vergangenheit, entwickeln Neues und achten auf die Anforderungen unserer Zeit. Betriebsgesundheit für den Bauern und das Tierwohl sind feste Bestandteile der Zugtierwirtschaft. Der Einsatz von Zugtieren ist nicht retrospektiv und erfordert keine Rückentwicklung und Fortschrittsverweigerung. Die große Herausforderung unserer Zeit ist es, bestehendes Wissen zu verknüpfen und anzuwenden und nicht wahllos neues Wissen zu generieren. Man darf nicht glauben, dass die Bedienung eines Computers und eines digitalen Stalls mehr Intellekt, Geschick und mehr Wissen erfordert als das Trainieren eines Zugpferdes. Eine Überheblichkeit, die das Alte abtut, ist falsch. Ein Bauer, der seine Tiere kennt und der den Boden seiner Felder versteht, muss andere Gefühle haben als ein Landwirt, der die Düngetipps des Newsletters befolgt. Aus der Vergangenheit zu lernen und das Wissen zeitgemäß anzuwenden, erfordert mehr Mut und Wissen, als Zukünftiges neu zu erfinden, ohne es zu erproben.

Der Einsatz von Zugtieren und die Weiterentwicklung alten Wissens ist eine kulturelle, ökologische und ökonomische Pflicht, die das menschliche Leben im Einklang mit Natur, Kultur und dem Miteinander ermöglicht.

Nicht die vorausfliegende Drohne rettet das Niederwild, sondern der verständige Bauer, der erdnah mit seinem Acker kommuniziert. Entschleunigung, die Feldverständnis und Gesundheit fördert.

Der gesellschaftliche Wandel von einer Handwerker- und Bauerngesellschaft hin zu einer Dienstleistungsgesellschaft ist abgeschlossen. Die Digitalisierung in vielen Dienstleistungssektoren wird in den kommenden Jahren viele Computerarbeitskräfte zum Beispiel im Banksektor überflüssig machen. Das Modell des bedingungslosen Grundeinkommens wird vielfach diskutiert. Was sollen diese Menschen machen, die keine Arbeit, aber Geld haben? Sollen sie konsumieren? Ihre Freizeit auf dem Sofa verbringen, krank werden? Sollen sie sich in virtuellen Realitäten den Tag vertreiben, im Fitnesscenter Kraft aufbauen, die sie nicht nutzen können? Wo sollen Unzufriedene ihren Frust abbauen? Wir glauben, dass eine handwerkliche Betätigung, die einen reich gedeckten Tisch zur Folge hat, ein wunderbarer Zeitvertreib ist. Ein Hobby, das satt macht. Das den Hunger nach Kalorien, nach Selbstachtung, Liebe und nach Kommunikation stillt. Nicht überdimensionierte Zugmaschinen und horizontfüllende Schläge machen die Menschen glücklich, sondern die erfüllbare und nicht überfordernde Größe eines kleinen, eigenen Feldes. Mit einer Kuh als Partner lassen sich auch kleine Felder bestellen. Kleinbauern, kleine Gärtnereien oder Familien, die einen Teil Subsistenzwirtschaft anstreben, sind für die Nutzung der Kuh prädestiniert.

Der unverhältnismäßige Einsatz von großen Maschinen führt zur Entfremdung von Landwirt und Konsument. Führt zu all den Problemen, die das Gespräch scheitern lassen und Argwohn schüren.

Das Abgeben von Verantwortung an Lohnunternehmer führt dazu, dass sich kein Familienbetrieb mehr angesprochen fühlt, wenn es um die großen Traktoren und um die überproportionalen Maschinen geht. Eine Externalisierung von Verantwortung. Niemand ist mehr verantwortlich. Der Familienbetrieb nicht. Er schüttelt den Kopf und sagt: „Ich bin ja so froh, dass wir mit kleinen Maschinen wirtschaften." Sagt es, während ein ratengetriebener Großschlepper seinen Boden verdichtet, schüttelt den Kopf, wenn der Riesenhänger die Alleebäume einreißt. Wundert sich, wenn der Ladewagen den Wegsaum plattwalzt. Findet das alles ungeheuerlich, während er zu Motorsäge greift, Weg und Flur bereinigt, damit er wieder kommt – der Lohnunternehmer mit seinen guten Preisen. Der Landsknecht des Bauern, der moderne Tagelöhner mit seinem Kosten- und Zeitdruck, der kein Gewissen zulässt und alle Sorgen auflädt und wegfährt, während der Familienbetrieb sich brüstet, klein zu sein und nicht zu den Großen zu gehören.

Arbeitsteilung ist gut und wichtig, das Abwälzen von Verantwortung an einen anderen jedoch nicht. Eine Bad-Bank, ein Bad-Farmer, der die Fehler macht, während sich die anderen in Landfolklore üben, in Lederhose vor hornlosen Kühen posieren und sich reinwaschen im Käsewasser der Bauernhofidylle, auf dem keine Hühner gackern und auf dem die Kinder nicht mehr spielen dürfen, denn die Gefahren der schnell fahrenden betriebsfremden Schlepper sind einfach zu groß.

Eine computer- und GPS-gestützte Feldbestellung ist das schweigende, schlechte Gewissen einer zu groß gewordenen Flächenstruktur. Nur noch der Computer weiß, dass ein trockengelegtes Moor, ein verdohlter Bach oder eine umgebrochene Trockenwiese überfahren wird. Er passt die Pflege an Strukturen an, die hier Natur sein müssten. Automatisiertes Vergessen. Maschinenkosmetik. Was früher der Bauer wusste, wo er sensibel sein musste, wo er mit altem und aktivem Wissen lernte, das macht der Computer heute vergessen. Die automatisierte Dosierung vertuscht den Verlust und überarbeitet die Chance auf Änderung. Menschliche Differenzierung wird überprogrammiert und eine weitere Chance zurück zur Natur überlagert.

800 PS ernten Heu? Das sind fast 800 Pferde. Ja braucht man das wirklich? Krankt da nicht das ganze System? Wie kann man 800 Pferde auf einer Fläche arbeiten lassen, die niemals 800 Pferde satt machen würde? Das funktioniert doch eigentlich nicht. 800 PS ernten den Mais für Biogasanlagen. Ökostrom nennt man das, was dann unter Umständen dabei herauskommt. 800 PS werden mit Erdöl über den Acker gewalzt, damit am Ende Biogas entsteht. Die Energiebilanz lügt.

Zugtiere müssen daher in der Bauernwirtschaft der Zukunft wieder einen festen Platz haben.

Niemand kann es sich leisten, dass Maschinen auf Äckern herumfahren, die vollgestopft sind mit seltenen Rohstoffen und große Mengen Treibstoffe verbrauchen. Spätestens in 150 Jahren, wenn die seltenen Erden aufgebraucht sind und das Erdöl knapp wird, werden wir merken, dass man Gras auch ohne Elektronik, Touchscreens und ohne 800 PS mähen kann. Es mangelt nicht an den Techniken, sondern an deren Umsetzung. Technik wird uns nicht retten. Diese Aussage ist nur eine

Ausrede, da man so alles auf die Technologie schieben kann und diese viel Geld umsetzt.

Es wäre doch sehr wünschenswert, wenn wir die wertvollen Rohstoffe für Medizin, Kommunikation und Sekundärprozesse einsetzen würden.

Ackerbau und Grünlandbewirtschaftung gehen sparsamer, ökologischer, sozialer und generationengerechter.

Der Einsatz von Zugtieren ist keine neue Erfindung. Ein Großteil der Weltbevölkerung ernährt sich immer noch dadurch, dass er einem Zugtier über den Acker hinterherläuft. Die Rückbesinnung auf diese Tradition wurde in den USA mit Studien untermauert, die zeigen, dass betriebsinterne Transporte und Arbeiten viel effizienter, ökologischer und kostengünstiger mit Zugtieren erledigt werden.

Ohne uns mit den Langzeitfolgen zu beschäftigen, hat sich der Mensch vor wenigen Jahren dem Verbrennungsmotor ergeben. Unreflektiert stellte er alles auf diese Technologie um, auch die Entwicklung zur Elektromobilität erfolgt nun nach diesem Muster.

Dabei zeigt die Geschichte des Menschen, dass die 4.000 Jahre, die unsere Kultur geschaffen haben, nur mit der Hilfe der Zugtiere erfolgreich absolviert wurden. Zugtiere schufen unsere Kultur. Sie prägten unsere Vergangenheit – und werden auch unsere Zukunft entscheidend mitgestalten.

Bei aller Poesie des Pflügens zeigen die Vergangenheit und die Gegenwart, dass die Erfindung des Pfluges auch Nachteile mit sich bringt. Weltweit führt die Pflugbearbeitung zur Erosion. Unter anderem im Süden Brasiliens gehört der Pflug bereits zur Vergangenheit. Er wird zur Bodenbearbeitung abgelehnt, da hier großflächige Erosion zum Problem wurde.

Ist das Säen mit der Hand eine Wirtschaftsweise, die ein Modell für die Zukunft sein kann, oder ist es ein Relikt einer längst überwunden geglaubten Landwirtschaft? Einer Landwirtschaft, die der Handarbeit und dem Nahrungskreislauf der Tiere eine positive Energiebilanz aufweisen lässt. Dieser Bauer ist ein Saatgutretter, da er eine autochthone Saatgutsorte verwendet. Er weiß, Saatgut ist Allgemeingut.

Der digitale Bauer sät nur unwesentlich besser. Aber er bezahlt mit Geld und Daten und verkauft so das Wissen seiner Vorfahren, das auch seinen Nachfahren das Überleben sichern könnte, an Großkonzerne.

Samenfestes Saatgut ist das Kapital des Bauern. Durch mechanische Drillmaschinen wird gewährleistet, dass das Saatgut präzise und ohne Verschwendung abgelegt wird.

Wir brauchen keinen Lithium-Ionen-Akku, um Felder emissionsfrei zu bestellen. Das Pferd und die anderen Zugtiere haben das Land die letzten 5.000 Jahre emissionsneutral bewirtschaftet, indem sie fraßen, was da wuchs, nebenbei düngten und sich ohne Fabrikgebäude reproduzierten.

Setzen wir die knapp werdenden seltenen Erden ein, um mit Computern und Satelliten Radieschen millimetergenau zu hacken und Kartoffeln zu roden?
Oder wollen wir Menschen operieren, Leben retten und Frieden stiften?

Die Bauersleute Epple beim Eineggen der Saatkörner. Durch die gegeneinander versetzten Zähne der Egge wird die Ackerkrume weiter verkleinert und verfeinert, wobei die Saatkörner vollständig vom Boden zugedeckt werden.

Saatgutsouveränität ist die Voraussetzung für Ernährungssouveränität.
Die Freiheit des Saatgutes gilt es zu verteidigen; als Quelle des Lebens und der Biodiversität.

Zum Pflügen eignen sich Ochsen ihres ruhigen Gemütes und Ganges wegen sehr gut.
Zum Ziehen der Kartoffelfurchen mit dem Holzpflug benötigt man drei Personen. Viele Faktoren spielen hinein, damit eine „saubere Arbeit“ entsteht: die Schwere des Bodens, die Neigung der Fläche, das Temperament der Ochsen, die Führung, die sichere Hand des Ackernden und dessen, der den Pflug andrückt.
Der Michels Bauer weiß, dass zum Hang gepflügt werden muss, damit der Boden nicht zunehmend ins Tal wandert.

Kartoffellegen ist eine Einzelarbeit, die mühselig und zeitaufwändig ist. Man legt die Kartoffeln in Abständen auf den Mist und drückt sie an. Ein Wohl- und Glücksgefühl überkommt einen nach getaner Arbeit, in der Vorstellung, dass die Hände Fruchtbarkeit und Leben in die Erde gebracht haben.

Seite 130/131
Bauern, die mit Kühen, Ochsen und Pferden ihr Feld bestellen, belasten die Umwelt so gut wie nicht. Ihre Tätigkeit ist nachhaltiger Naturschutz. Allein die Tiere geben den Takt an, wie schnell das Feld bewirtschaftet werden kann.

Wer Pferde auf Acker und Wiese einsetzt, erfüllt alle Kriterien nachhaltiger Bewirtschaftung. Er ist ein echter Bauer, ein Umweltschützer im wahrsten Sinne des Wortes.
Mit den Pferden als Zugtiere ist es eine den Boden nicht verdichtende Arbeit. Für den Bauern und die Pferde ist diese Frühjahrsarbeit, das Abziehen der Wiese, nicht allzu kräftezehrend.

Eine Drohne, die vor dem Traktor herfliegt, um die Feldlerche, das Rehkitz oder die Bienen vor dem Tod zu retten, ersetzt nicht den Sinneswandel im Menschen. Denn, wenn die Zeit, das Geld und die Energie knapp werden, dann wird der entfremdete Landwirt weiterfahren, während der technische Naturschutz als Ballast eingespart wird.
Der echte Bauer jedoch, der auf seinem kleinen Betreib aus Liebe die Natur erkennt und schützt, der Kröten vor der Mahd des Getreides aus dem Feld herausträgt und die Kitze beobachtet, der wird in Notzeiten Trost finden in der Fülle der Natur, die zu sehen und zu ehren er gelernt hat. Er wird in der Not die Natur nicht vernachlässigen, sondern sie noch mehr schützen. Denn Liebe lindert Schmerz.

Er wusste es schon immer – aber wann werden wir wieder wissen, dass man Gras auch ohne Elektronik, Touchscreens und mit weniger als 800 PS mähen kann? Hoffentlich nicht erst, wenn die seltenen Erden aufgebraucht sind und das Erdöl zur Neige geht.

Bei extensiver Bewirtschaftung von Wiesen, d. h. höchstens zweimaligem Mähen pro Jahr, vorzugsweise durch Hand- und Tierarbeit, entwickelt sich eine artenreiche Wiesenwildkrautflur und ein entsprechend vielfältiges Leben.

Entschleunigtes Verladen und Bearbeiten der Wiese ist ein gesundheitlicher Gewinn für den Bauern. Er ermöglicht den Wildtieren der Wiese, vor der Störung zu fliehen und später die Fläche wieder zu besiedeln. Ein intakter, ökologischer Saum dient bei der Wiederbesiedelung als Quellhabitat.

„Der Naturschutz braucht die Bauern!"

Um Schilfgebiete und Streuwiesen zu erhalten und sie vor der Sukzession zu schützen, ist es angebracht, ab dem Spätherbst das Schilf und das Gras etappenweise und schonend zu schneiden. Der Vertragsnaturschutz macht dies teuer und kostenintensiv.

Der Bauer mit dem Pferd und dem Leiterwagen, der diese Flächen seit Jahrhunderten so gepflegt, wenn nicht gar geschaffen hat, scheint vergessen. Dabei zeigt die Archaik des Anblicks, dass es eine organisch gewachsene Tätigkeit ist.

Streuwiesen existieren nicht, weil man sie erhalten muss, sondern weil man sie braucht. Zum Beispiel als Einstreu für den Kuhstall.
Eine selektive Naturschutzpolitik, die die Landschaft in Schutz- und Nutzräume aufteilt, ist unnachhaltig und dient weder dem Schutz der Natur noch den Interessen der bäuerlichen Betriebe.
Naturschutz darf sich deshalb nicht auf Restbiotope beschränken und Landwirtschaft darf nicht in eine extensive und eine intensive aufgeteilt werden. Eine Reökologisierung der Fläche ist nötig.

Seite 138/139
Futterrübenernte:
Wer Ochsen hält und sie zur Arbeit in der Landwirtschaft einsetzt, kennt die Gründe für sein Tun. Seine Liebe zu den Tieren und einige Vorzüge gegenüber einem Traktor überzeugten Georg Kübler aus dem Nordschwarzwald, seine kleine Landwirtschaft zusammen mit seiner Schwester unter Zuhilfenahme dieser Ochsen zu betreiben. Ihre körperlichen Fähigkeiten offenbaren sich bei Kraftarbeiten und treten dort in Erscheinung, wo Zähigkeit und Ausdauer verlangt werden.

Mistspreiten:
„Der Ochse wächst ins Geld,
das Pferd aus dem Geld."
Darunter versteht man, dass der Wert des Ochsen bei der Zunahme des Alters steigt. Jedoch fällt der Wert des Pferdes schon im 9. und 10. Jahr. Die Futterkosten der Ochsen sind geringer und das Anspanngeschirr ist billiger, besonders, wenn sie im Joch arbeiten.
Ochsen geben mehr Mist, der sich langsamer zersetzt als der von Pferden. Er ist für jeden Boden geeignet und hat eine längere Wirkung als Pferdemist.

Kartoffelernte:
Der Ochsenbauer verwendet zur Kartoffelernte einen Doppelkopfpflug, mit dem die Kartoffelbifänge (Häufelbeete) aufgeackert werden. Die Bäuerin muss den Ochsen dazu gekonnt führen.

In den letzten 50 Jahren sind in Deutschland in unterschiedlichen Regionen 1 cm bis 50 cm Boden durch Erosion auf den Feldern verloren gegangen. Der Michelbauer weiß davon. Deswegen pflügt er immer zum Hang hin. Die Ochsen garantieren zudem eine schonende Feldbestellung.

Zugtiere sind die Symbole des Bauern. Sie stehen für Nachhaltigkeit, Ökologie und Rohstoffeinsparung. Sie zeigen auf, wie man für gesunde, unverdichtete Felder, Klimaschutz, Treibstoffeinsparung, nachhaltige, ökologische und kleinteilige Landwirtschaft einsteht.
Der Weltagrarbericht übermittelt die Botschaft:
„Weiter wie bisher ist keine Option! Kleinbäuerliche Strukturen – auch und gerade mit dem Einsatz von Zugtieren – sind ein Garant, die Welthungerkrise zu überwinden. Hierzu muss aber auch der fatale, globale Trend der Dekapitalisierung der Kleinbauern umgekehrt werden."

E Die Kulturlandschaft

Eine Kulturlandschaft ist ein prägendes Element jeder Heimat. Sie entstand durch Nutzung im kulturellen Kontext, durch unbewusste Veränderung und durch gesetzliche und weltanschauliche Strömungen. Kulturlandschaften sind über lange Zeiträume gewachsen und verändern sich kontinuierlich. Wir leben in einer Zeit, in der unsere Kulturlandschaft von einer massiven Verschlechterung bedroht ist. Drei Generationen Verlust prägen unsere Erde. Verlust an Lebensraum. Verlust an Vielfalt. Verlust an Liebe. Verlust an Feingefühl und Verlust an Bescheidenheit.

Seit drei Generationen hat sich viel verändert. Die Fläche blieb jedoch gleich. Das Verhalten, das wir jedoch beim Umgang mit dem Land, welches die Welt ernährt und erhält, an den Tag legen, ist mehr als schockierend. Raubbau und Unverhältnismäßigkeit sind an der Tagesordnung. Der Wert unserer Landschaft ist akut bedroht. Warum merken wir das nicht schon früher? Kann man Werte erst erkennen, wenn sie bedroht sind? Kann man sie erst definieren, wenn man weiß, was fehlt? Die Vielfalt der Funktionen? Die Vielfalt der Formen? Die Vielfalt der Eindrücke?

Im Mitteleuropäischen haben sich nicht viele Begriffe aus den indigenen Sprachen der Südsee gehalten. „Tabu" ist jedoch eines davon. Es bezeichnet etwas, was man nicht tun oder anrühren soll. Der Begriff prägte sich aus Gegenständen oder Zonen, die der menschlichen Nutzung nicht zur Verfügung standen. Sie waren tabu. Unsere westlichen Siedler brachen auf ihren Entdeckungstouren so manches Tabu und hielten sich auch daheim nicht an den Schutz von Unantastbarem. Alles, jeder Quadratmeter Land wird als potentiell nutzbar angesehen. Was nicht direkt nutzbar ist, ist wertlos. Auf den Reisen in Afrika merkt man es deutlich. Gebiete, in denen das Gelbfieber droht, wurden früh als für die Viehhaltung untauglich angesehen und sind heute meist Nationalpark. Auch in unseren Breiten sind die Naturschutzgebiete oder Ausgleichsflächen oft extrem schwierige Standorte. Nationen rühmen sich ob ihrer Nationalparkflächen und beim näheren Ansehen stellt sich heraus: Es sind Tiefseegräben oder senkrechte Felswände, die einer menschlichen, finanziellen Nutzung eh nicht taugen.

Ein Raubbau prägt das Land. Wohin man nur schaut, wird gebaut und gebaggert. Als gäbe es das Land, in dem Supermarkt zu kaufen, den man eben erst aus Beton zusammengewürfelt hat und der die Fläche verschluckt. Als wüchse das Gemüse in eben jenen Läden, die da die besten Böden versiegeln. Wachstum in alle Richtungen. Als nähmen die Flächen quadratisch zu, so vergrößern sich die Baugebiete und auch die Maschinen der Landwirte. Wachsende Flächen gibt es nicht. Kein Acker unserer Kindheit ist heute größer. Die Traktoren jedoch um ein Vielfaches. Eine Perversion prägt den Maschinenring. Hilflos, trotzig hört man die Argumente. Breite Reifen verhindern die Verdichtung. Hybridmotoren die Emissionen. Effizienz sei ökologisch. Wie Machos fahren sie auf den Flurwegen. Alles versiegelt. Breiter und breiter werden die Schneisen. Kein Wildkraut säumt den Wegrand. Keine Schwalbe findet Matsch zum Nestbau. Die letzten Alleebäume sind angeschrammt und der neu gepflanzte Baum wächst in einem Schutzzaun ganz hinten im letzten Eck. Alles ist vermulcht, begradigt, verdolt und voller Effizienz. Nichts erinnert an die liebliche Landschaft der Bilderbücher. Die Kulturlandschaft ist tot. Ausgeräumt.

Wir müssen wieder lernen, die Bilder, die uns als idyllisch verkauft werden, zu lesen. Und wenn wir eine grüne Wiese sehen, ein gelbes Feld, einen jungen Fichtenwald oder einen Weiher ohne Schilf, dann müssen wir wissen: Das ist keine Natur, das ist der Torso, dessen, was uns Menschen unser Leben und unsere Kultur ermöglicht hat. Ein Relikt einer Natur, deren traurige Reste uns mit einer Abwärtstendenz am Leben erhalten. Wenn nicht auf jedem Strauch – wenn denn da Sträucher sind – ein Neuntöter sitzt, auf jedem Pfahl ein Braunkehlchen oder eine Grauammer wartet, wenn nicht verschiedene Enten auf den Gewässern der Prospekte schwimmen und wir das Gefühl von Vogelgesang verspüren, ja dann ist das eben nur der Schein einer intakten und erholungsstiftenden Landschaft.

Falsche, unnatürliche Wiesen sieht man immer häufiger in Prospekten. Enthornte Kühe trotten durch eine baum- und strauchlose Weidelandschaft, der Bauernhof – ohne Allee und ohne schützende Streuobstwiese – glänzt in der Mittagssonne und die überdimensionierten Traktoren zeugen von fiskaler Potenz.

All das möchten wir Ihnen nicht zeigen. Die Welt ist kein Produktionsraum. Die Welt ist ein Lebensraum. Wir wollen Ihnen keine Gefahren zeigen, nicht Negatives. Wir zeigen Ihnen Bilder, die ein hohes Risiko haben, bald nicht mehr zu existieren. Das Risiko verloren zu gehen, ist greifbar und abwendbar. Dieser drohende Verlust kann in Werte gefasst werden. Es soll etwas wert sein, dafür zu kämpfen. Wir möchten in unseren Bildern eine Natur zeigen, wie sie für das Bild des Menschen steht. Eine Natur am Beispiel einer vorindustriellen Nutzung. Wir möchten diese Natur nicht verklären, sondern Beispiele liefern und durch diese Exemplifizierung zeigen, dass Natur die symbolische Verfügbarmachung des Unverfügbaren ist. Ein flächendeckendes Paradies muss unsere Kulturlandschaft sein. Die göttliche Konstanz der Natur hilft uns, das kulturelle Erbe der Regionen zu festigen und so einen Heimatbegriff zu generieren, der Natur und Kultur verquickt. Kultur als verlängerte Wirkung von Natur schafft eine Landschaft der Prägungen. Eine Kulturlandschaft, die sich durch ihre Naturnähe immer auf sich selbst besinnt und dadurch Beständigkeit, Kraft und Halt bietet.

Das Problem der „Shifting Baseline“ macht es uns schwer. Während die Spätgeborenen die Gärten ihrer Heimat womöglich anhand von Rabenkrähen, Amseln und Straßentauben definieren, vermissen immer weniger Menschen den Gesang der Gartenrotschwänze, der Laubfrösche und die kreisenden Schwalben. Was man in jungen Jahren erlebt hat, nimmt man als normal wahr und vermisst es. Nur was man kennt, kann man vermissen. Dieses Konzept macht es uns schwer, die Werte einer Landschaft zu definieren. Sind es die Laubfroschchöre am gewundenen und weidenbestandenen Dorfbach? Oder ist es das Singen der Amsel auf dem Rasen? Sogar in der Kunst sieht man einen Wandel. Während detailhaftes Malen der Abstraktion wich und so den Verlust auch in der künstlerischen Darstellung festigte, sagte noch

Marianne von Werefkin als bedeutende Vertreterin des Expressionismus, dass man nichts Abstraktes brauche, wo doch das Reale schon abstrakt genug sei und den Geist ausreichend fordere. Dieses Abstraktionsvermögen ist unverzichtbar. Reduktion als stille Akzeptanz des Verlusts, als Verwischung des Fehlenden, als Flurbereinigung in der künstlerischen Darstellung ist ein Weg. Verdichtung und Oxidation ein anderer.

Aus unserer Sicht muss der Betrachter die Bilder selbst abstrahieren. Er muss seine Botschaft herauslösen. Sei es die Natur. Sei es die soziale Komponente. Der Mensch. Ein Geflecht, eine Beziehung zwischen Teilen des Motivs.

Vielfalt ist vielgestaltig und ermöglicht es allen, das zu sehen, worauf das Augenmerk – und sei es nur in diesem einen Moment – liegt.

Vielfalt entstand nicht, weil man sich an Schutzziele und Vorgaben hielt, sondern weil der Mensch nachhaltig überleben wollte. Heute glaubt er nur durch Wachstum in einer endlichen Welt zu überleben. Ein Wachstum, das den Begriff der Nachhaltigkeit wie ein Feigenblatt vor sich hält. Ein Nachhaltigkeitsverständnis, das auf den Rohstoffen anderer Länder beruht und dort Fluchtursachen stiftet. Ein Fehlschluss, denn nur ein regionaler Nachhaltigkeitsgedanke sichert dauerhaftes Überleben.

In der gegenwärtigen Lage ist der Schutz des Seltenen Kür. Wir müssen aber alles tun, das Häufige, das Naheliegende zu schützen. Es droht, verloren zu gehen. Die Dorngrasmücke, die Grauammer und die artenreichen Wiesen haben es derzeit schwerer als der Storch und der Seeadler. Die Funktionen sind bedroht, sie sind das Verständlichste und Dringlichste für den egoistischen Mensch.

Wir zeigen Ihnen Landschaften, die durch den Dienst an ihrer selbst dem Menschen dienen. Ob sozial, funktionell oder einfach nur emotional.

Dabei wirft sich die Frage auf, welchen ökologischen Zustand der bäuerlichen Kulturlandschaft sollen die Bauern den Menschen, die keine Landwirtschaft haben, aber auch den Tieren und Pflanzen zurückgeben? Wandel ist keine Frage des Zeitraums, sondern des Zustands.

Die Uhr, dass die Landwirtschaft als Energiefresser und Kohlendioxidschleuder ihre Berechtigung hat, ist abgelaufen.

Die Zeitlosigkeit der bäuerlichen Kulturlandschaft, das heißt ihre Nachhaltigkeit, ist gekommen. Ihr muss ein menschliches, tierisches und pflanzliches Maß zugrunde liegen, damit alles Lebendige sich in ihr erhalten kann. Individuelle Freiräume, das heißt Ökonischen, die keine dauerhaften Abfälle produzieren, sondern sich erneuern, sind die Ultima Ratio. Sich wohlfühlen, darin gesund bleiben – solche Räume brauchen der Mensch, das Tier und die Pflanze und somit auch der Bauer, der darin arbeitet.

Im Zeichen neuen Umweltbewusstseins wird die natürliche Kulturlandschaft wiederentdeckt. Unsere Vorfahren haben durch die Anpflanzung von Obstbäumen ökologisch, klimatisch vernünftig gehandelt. Das Verschwinden der Obstbäume, kleiner Wiesen und Felder, der Raine, Hecken und naturbelassener Feldwege, d. h. der kleinteiligen Kulturlandschaft, ist ein Verlust von Eigenart, Vielfalt und Schönheit, mehr noch von Nützlichkeit.

1. Feldbau

Bauern ernähren die Welt. Eine vielzitierte Tatsache, ein missbrauchter Slogan, denn seit vielen Jahren spezialisiert sich diese Aufgabe zunehmend, und dies, wo doch Ernährung multifunktionell verstanden werden muss. Die größten Landnutzer der Welt glauben, sie müssen nur Kalorien produzieren. Dabei wird oft vergessen, dass unser Land mehr produzieren muss als Rohwaren. Wir brauchen geistige Nahrung, kulturelle Nahrung, schöne und funktionelle Nahrung. Wir brauchen echte Bauern! Bauern, die die Welt retten.

Diese Multifunktionalität bedeutet Souveränität. Souveränität der Kulturen, der Ernährung, der Funktionen, des Menschen. Wirtschaftliche und staatsideologische Zwänge haben da nichts verloren. Landwirtschaft muss als Bebauen, Bewahren und Pflegen verstanden werden, nicht als Abhängigkeit von einer Wirtschaftstheorie. Die Bewirtschaftung des Landes dient in erster Linie der Kultur, von der sie getragen wird.

Unser Land ist bedroht. Die maßlose Bebauung führt zu unkalkuliertem Flächenschwund. Alles wird in unserer zahlenhörigen Gesellschaft berechnet. Auf den Meter genau weiß man, wie lange der Sprit im Auto reicht. Dass niemand aufschreit, wenn Ackerland überbaut wird, dass niemand rechnet, wie lange die Fläche noch reicht, und dass niemand merkt, dass Ackerland und nicht der Supermarkt Nahrung produziert, schockiert. Fehlt das Bebauungsgebiet, so geht es der Gemeinde schlecht. Der Umgang mit dem Feld, dem jede Demut fehlt, ist schockierend. Erdverdichtung, tiefe Reifenfurchen, walzengleiche Bereifung.

Der Erhalt unserer Felder scheint Nebensache, der Ertrag nur eine Frage der eigenen Güte. Fehlentwicklungen? Die Innovationen der Zukunft werden es schon retten. Wir leben von der nachhaltigen Wirtschaftsweise unserer Vorfahren, nicht die direkten Vorfahren, sondern von der indigenen Kultur, die unsere Landschaft verstand, und verhalten uns jedoch wie die Fruchtfliegen im Biomüll, ohne zu begreifen, dass Rohstoffe endlich sind und Systeme einzig mit dem Ziel des Weitergebens gepflegt und erhalten werden müssen. Kein Landwirt arbeitet für sich. Er bereitet und erhält den Boden für seine Nachfahren so, wie ein Förster Bäume pflanzt für die Generationen nach ihm.

Schutz und Nutz sind in der Fläche nicht trennbar. Die Dichotomie von Schutz und Nutz ist die Hauptursache für die Krise. Wir brauchen Zukunft. Fortschritt und Wachstum darf nicht auf dem Vergessen alten Wissens beruhen und in dem Glauben, dass uns die Großtechnik retten wird. Die Arbeit ohne Pestizide und mit der Natur ist nichts Neues, es ist die Kulturform, die den Menschen zum Menschen machte. Der Einsatz von Agrarchemie, von undemütigen Maschinen, von Techniken aus dem Zauberkasten der Wirtschaft, das ist und war neu – und es wird auch bei Verfeinerung zu keinem Erfolg führen, der den Mensch weiterbringt. Denn nur Bescheidenheit und die Ehrfurcht vor dem Leben sind Disziplinen, die vom Menschen noch gelernt werden müssen.

Die Bewirtschaftung von Feldern erfordert Innovationen, die in der Vergangenheit zu finden sind. Eine Weiterentwicklung der Landnutzung ohne Folgen. Eine Nutzung ohne Kredit. Die Zugtiere, die Bodenfruchtbarkeit, der Schutz des Mitlebens stehen dabei im Vordergrund. Es arbeiten zu wenige Menschen auf unseren Feldern, um noch sensibel zu sein, für das, was auf den Wiesen, Weiden und Feldern vor sich geht. Wer nicht mehr sieht, wie die Schwalbe Matsch sammelt, wer den Gesang der Feldlerche nicht mehr vom Arbeiten kennt, wer nicht mehr weiß, dass man auch hier aus Bächen trinken können muss, der weiß – es ist Zeit zu handeln.

Kleinräumige Strukturen in einem natürlichen Flusstal zeugen davon, dass wir wieder Zeit in die Erzeugung unserer Ernährung investieren müssen. Nebenerwerbslandwirtschaft und die Beteiligung an Gemeinschaftshöfen ist ein wichtiger Schritt, die Welt vielfältig zu gestalten. Die eigene Kuh als Beitrag zum menschlichen Überleben und zur seelischen Freude.

Bäume in Feldern – Vergangenheit, die Zukunft hat!

Es handelt sich hier um alte Agroforstkulturen mit Besonderheiten und Vorzügen:

1. Durch die Bepflanzung bäuerlicher Ackerflächen mit Bäumen und Sträuchern kann die Zunahme der Erderwärmung durch Bindung großer Mengen CO_2 reduziert werden.
2. Man erntet mehrfach auf diesen Feldern. Zuerst die Feldfrüchte, dann das Obst.
3. Die Biodiversität wird durch Schaffung zusätzlicher Lebensräume für Pflanzen und Tiere partiell erhöht.
4. Schaffung von landschaftlicher Struktur und Schönheit.

Das perfekte Mahl.
Keine Landschaft spiegelt ein perfektes Mahl so schön wider, wie dieser Anblick in Albanien. Der Duft von Ginster umweht die Landschaft. Weinreben wachsen und bereichern den Tisch mit Wein und Trauben. Dazwischen wachsen Olivenbäume für das Öl und die Früchte. Das Getreidefeld in der Bildmitte sorgt für ausreichend Brot, während die Weiden (hinten rechts) und die Wiese im Vordergrund das Fleisch und die Milch liefern, die nicht fehlen dürfen. Monokultur Fehlanzeige. Vielfältige Ernährung vereinigt sich hier mit biologischer Vielfalt. Wo würde man den Neuntöter, die Grillen und Insekten eher suchen als hier?

Das Zusammenleben von Schönheit und Nutzen zeigt dieses Bild. Für die Bestäuber, die im Frühjahr für ausreichend Früchte gesorgt haben, ist auch im Getreidefeld der Tisch noch gedeckt. Sie können überleben und im nächsten Jahr wieder für Erträge sorgen. Das Auge freut sich und die etwaigen Ernteeinbußen beim Getreide werden von dieser Symbiose wieder ausgeglichen.

Treibstoffgewinnung.
Ein essbarer Traktor. Hier wird ein Zugtier mit seinem Treibstoff beladen. Dieser bulgarische Bauer ist unabhängig von Rohstofflieferungen. Sein Esel ernährt sich am Straßenrand, fährt den Treibstoff vom Feld emissionsneutral ein, stößt keine Gifte aus, reproduziert sich selbst und kann sogar gegessen werden. Von welchem Traktor kann man das behaupten?

Der Buchweizen, ein Pseudo-Getreide mit hohem Sympathiewert bei der Bevölkerung. Der Blaue Natternkopf (*Echium vulgare*) wächst hier zusammen mit ihm und bereichert den Wert der blühenden Landschaft.

Jede Pflanzenart (Wildkraut), die sich auf dem Feld neu ansiedelt und ausbreitet, zieht neue tierische Besiedler an. Der Sandmohn (*Papaver argemone*) und die Kornblume (*Centaurea cyanus*) bevorzugen mäßig saure, kalkfreie, aber auch sandige Lehmböden.

Seite 150/151
Mit der Wiedereinführung des Ackerrittersporns (*Consolida regalis*), einer der etwa 150 Wildkrautarten auf unseren Feldern, erweisen die Bio-Kleinbauern der Menschheit einen großen Dienst.
Die Ackerwildkräuter sind Nahrungsgrundlage für allerlei Nützlinge und leisten als Tiefwurzler und Humusbilder einen Beitrag zum Gewässer- und Klimaschutz, da sie ins Grundwasser gehende Düngerüberschüsse aufnehmen und Humus bilden, der später wieder den Nutzpflanzen zur Verfügung steht.

Die Kornrade (*Agrostemma githago*) – ein typisches Ackerwildkraut – sollte wieder in der Feldmark im Wintergetreide als natürliche Begleitflora wachsen. Deshalb muss der Acker vermehrt nachhaltig, d. h. nach biologischen Gesichtspunkten, bestellt werden.

Der Strahlenbreitsame oder auch Großblütiger Breitsame (*Orlaya grandiflora L. Hoffm.*) ist mit den Schmetterlingen von Äckern, Weinbergen, aus dem Ödland und aus den Magerwiesen verschwunden.
Eine chemiefreie, kleinstrukturierte Landwirtschaft kann sie zurückbringen.

Die Getreideernte

Die abgemähten Halme des Weizens lehnen an den stehenden Halmen. Bevor sie zu Garben gebunden werden, müssen sie von der „Auslegerin" weggenommen und ausgelegt werden.

Mit der Sichel oder mit der rechten Hand nimmt sie die abgeschnittenen Halme auf, zieht sie zum Körper, wo der linke Arm sie aufsammelt. Die lose Garbe wird auf den meist von Kindern ausgeworfenen Strick gelegt und gebunden.

Meist zu dritt werden die Garben dann zum Trocknen aufgestellt. Eine Person hält die Mittelgarbe, um die meist vier weitere gruppiert werden. Die Gerste wird „weggemäht", d. h. vom stehenden Getreide, damit sie Schwaden bilden.

Einfahren des Getreides auf Schlitten mit Ochsen.
Kein Lärm dringt aus der Stille des Einbachtales im Schwarzwald in die Straßen, Dörfer und Städte. Der Weg ist Leben. Frösche, Eidechsen und Insekten überleben die Ernte auf dem natürlichen Grasweg.
Umweltschutz im wahrsten Sinne des Wortes. Nie ist den Geschwistern Groß für ihren sorgsamen Umgang mit der Natur und dem rücksichtsvollen Verhalten gegenüber ihrer Umwelt eine Medaille überreicht worden. Sie sind die wahren Helden, die Beschützer der Schöpfung und eines guten Miteinanders. Vorbilder einer nachahmenswerten, bäuerlichen Arbeit und Kultur.

Bauer Hans Groß mit seinen Helfern bei der Schlittenabfahrt des Getreides mit Ochsen.
Die Landwirtschaft muss in der Hand der Bauernfamilien bleiben, um den Erhalt der Arbeitsplätze und die Schaffung neuer zu gewährleisten. Die Verbraucher wollen eine ehrliche, ökologische, sozial gerechte und echte Bauernarbeit.

Das Rütti-Brennen der Geschwister Groß ist eine indigene Feldbaumethode. Der ressourcenschonende und CO_2-neutrale Wanderfeldbau, der Waldwechselfeldbau oder die Brandrodungswirtschaft wurde in Mitteleuropa bis ins 8. Jahrhundert angewendet. Die Schwarzwaldbauern Groß erhielten diese Bewirtschaftungsform bis zur Jahrtausendwende.

Brandrodungswirtschaft

Waldwechselfeldbau – Wanderfeldbau

Die Sichel und die Sense gebrauchen die Geschwister Groß bei der Getreideernte immer. Sie dürften die letzten Bauern in Deutschland sein, die die alte Methode der Brandrodungswirtschaft, wie sie die Indianer im Amazonasgebiet und die Bergbauern von Antsirabe auf Madagaskar teilweise bis heute betreiben, von ihren Vorfahren übernommen haben.

Hier wird kein Primärwald niedergebrannt, wie bei den indigenen Völkern, sondern ein Agroforstsystem betrieben, indem der Haselnusshain durch die Störung des Feuers verjüngt wird, sodass der Roggen in der Asche keimt. Zusammen mit dem Haselnussstrauch wächst der Roggen bis ca. 2 m hoch.

Es ist eine durch und durch nachhaltige Wirtschaftsweise, die zwei Kulturen im Wechsel nutzt, ohne dass Chemie oder Dünger benötigt wird.

oben
Das Aufstellen der Garben dient dem Nachreifen des Getreides. Außerdem werden so die Beikräuter getrocknet und verlieren ihren Samen.

unten
Die elektrisch angetriebene Dreschmaschine gibt den Takt vor. Die Motorisierung hatte zur Folge, dass menschliche Rhythmen dem Lauf der Maschinen untergeordnet wurden. Eine neue Form von Stress entstand. Diese Aufnahmen aus Slowenien zeigen das Dreschen von Hafer.

oben
Das Dreschen mit Dreschflegeln ist eine typische Winterarbeit. Der Bauer bestimmt den Takt. Er ist gleichmäßig, aber individuell. Man schlägt auf die Ähren, damit die Körner ausfallen, und drischt kein leeres Stroh.

unten
Das Dreschen ist eine staubige Arbeit. Doch die Idylle trügt. Die Verbindung von altem und neuem Wissen ist nötig, um die Ästhetik dieser Arbeit mit den neuen Anforderungen der betrieblichen Gesundheitsvorsorge zu verbinden.

Seite 163
Händisches Nachsammeln der Roggenähren im Haselnusshain. Die Ehrfurcht vor dem Leben und die Dankbarkeit für die Ernte sind Tugenden, die nötig sind, um den Wert seiner Arbeit zu begreifen und nachhaltig zu arbeiten.

2. Wege

Um Wechselwirkungen zu ermöglichen, braucht es Verbindungen. In einer analogen Welt ermöglichen Wege diesen Kontakt. Wege in verschiedenen Größen und mit verschiedenen Funktionen und Aufgaben. Vielfach werden Wege auf den Verkehr beschränkt und verlieren so ihre tiefe Bedeutung und kulturelle Nuance. Der Pfad als direkter und unaufdringlicher Vermittler zwischen Start und Ziel. Der Weg als Lastenträger mit der Tendenz zur Offenheit. Ausbauformen, die Geschwindigkeiten ermöglichen oder Hindernisse erklimmbar machen.

Nie ist jedoch der Transport oder der Verkehr der einzige Gehalt des Weges. Seine soziale und kulturelle Rolle ist tief verwurzelt. Prozessionen, Wegkreuze, Symbolbäume machen aus Wegen bahnförmige Tummelplätze für Riten und Bräuche; sie symbolisieren Lebenswege und konfrontieren den Nutzer mit dem Scheideweg.

Der Weg ist Infrastruktur, Landschaftselement und Lebensraum zugleich.

Infrastruktur, weil er den Reise- und Güterverkehr ermöglicht. Gutes bringt und Schlechtes auch. Weil er Handel ermöglicht und den Weg zu Verwandten oder zum Arzt. Er muss dem Wandel gerecht werden – vom Saumpfad zur Autobahn. Aber unter all dieser Last sollte er nie vergessen, dass er als Landschaftselement Heimat symbolisiert.

Das Heimkommen auf einem schönen Weg fällt noch leichter, das dauerhafte Weggehen wird so gebremst. Ein geschlungener Weg, eine Allee, ein begleitender Bach sind die besten Empfehlungen, bevor man ein Ziel erreicht. Wege, die trotz ihres menschlichen Ursprungs Natur und Heimat verbinden. Es sind Strukturen, die zwar die Landschaft erschließen, bei denen der Mensch jedoch zeigen kann, dass er seine Landschaft versteht, dass er seine Gestaltung dem Landschaftsbild einbringt und sich zugleich einfügt. Positiv handelnd ein Muster schafft, ein erschließendes Rückgrat bildet, das die Welt erfahrbar, nutzbar und immer auch genießbar macht.

Landschaftsprägend müssen die durch die Landschaft geprägten Wege eine Einheit bilden, ohne sie rücksichtslos zu durchtrennen, sie falsch und geschmacklos, ja gewalttätig zu filetieren.

Wege sind Lebensräume. Lebensräume für den Menschen und seine Umwelt. Sie bewegen und entschleunigen zugleich. Wege, die nur dem Erschließen dienen, die nur bereinigen, begradigen, die nur ein Korsett bilden, das stupide Flächen umschließt, sind falsch. Sie sind tot und leblos. Dieter Wieland beschreibt sie als Wegbereiter einer rechtwinkligen Serienlandschaft. Wege sind Lebensräume für den Nutzer und für die Natur. Schwalben finden hier Schlamm für die Nester, Insekten nisten im Sand und in den Pfützen finden Tiere Wasser in der Trockenheit. Wege sind organisch, sie halten das schnell abfließende Wasser zurück, leiten um, kanalisieren. Dennoch sind sie aber immer auch Barrieren, Hemmnisse, Angstfaktoren und zerschneidendes Element. Jeder Weg ist ein Schaden. In der Serengeti scheuen die Gnus beim Überqueren einer einfachen Fahrspur und der Randeffekt eines Flurwegs verkleinert jede Parzelle und zerstückelt so die Lebensraumfunktion einer Landschaft. Die Angst der Tiere vor dem Weg lässt sie Abstand halten. Viele Wege sorgen für riesige tote Flächen und winzige Kernzonen. Dem Hasen und dem Rebhuhn ist die Hecke oder der Saum entlang des Weges wertlos, da hier die Gefahr durch Mensch, Hund und Fressfeind zu groß ist. Ein winziger Kern eines umwegten Feldes, der womöglich aus Maismonotonie besteht, bleibt potentiell nutzbar. Leben ermöglicht dieser monotone Kern aber nicht.

Wege sind in sich Lebensräume, stören aber auch die großen Zusammenhänge. Der Lebensraum Weg ist jedoch bedeutend. Sein Saum bietet Nektar und Kräuter. Sein Saum ist nur wild gut. Pflege, wie wir die menschliche Manipulation beschönigend umschreiben, ist hier nur sehr dosiert zu verwenden. Ein Wegrand ist kein ausreichender Grund, Rohöl oder andere endliche Treibstoffe zu verbrauchen. Wegbeweidung, die Gewinnung von Heu sind hier zu bevorzugen. Meist wird bis an den Weg gepflügt. Der Saum fehlt, für einen Baum ist kein Platz. Die Kosten für das angepflügte Fundament des Weges trägt der Steuerzahler; der Feldwirt erntet etwas mehr.

Wege sind Lebendräume auch für den Menschen. Viel Lebenszeit verbringt man auf der Straße. Auf einer schönen Straße umso lieber. Eine Allee, die mit Ihren Birn- und Apfelbäumen die Anwohner zum Obsternten einlädt. Eine landschaftlich reizvolle Gegend, die der Weg mit Bank erschließt. Ein Weg ist mehr als Infrastruktur, Dekor und Lebensraum in der Landschaft. Er ist Psychotop. Er schafft das Gefühl von Heimat auf der Reise. Er befreit die Menschen, in dem er Bewegung ermöglicht und im sich hebenden Staub die Reiselust und die Gedanken anregt. Wege sind Heilquellen des Fern- und Heimwehs. Sie sind Vermittler zwischen Mensch und Natur. Wenn sich auf der Leitung entlang des Weges die Schwalben sammeln, so vermittelt der Weg die Zusammengehörigkeit der Welt. Wenn blühende Bäume den Weg säumen oder sich Schneewehen auftürmen, so ersetzt der Weg den Blick in den Kalender und erdet den Reisenden mit den Zeichen der Natur. Eine ziehende Schafherde, eine wandernde Kröte oder der zu pflückende Blumenstrauß für die Daheimgebliebenen bremst die Eile und entschleunigt. Wege sind Quellen der Gesundheit.

Wege sind mehr als Fahrspuren, deren Böschungen nicht breit genug sein können. Wege sind mehr als Treffpunkte mit übergroßen Landmaschinen. Wege sind Leben.

Unbefestigte Wege mit Saum verhindern das schnelle Abfließen von Wasser und dämpfen Geräusche und Staub.
Der Stacheldrahtzaun bleibt auch mit Unterwuchs wirksam. Die weitreichende Einführung des Elektrozauns erfordert das Freischneiden der Zauntrasse und bringt einen Verlust von schützenden Saumbiotopen mit sich.

Ein vorbildlicher Triebweg vom Hof zur Weide. Gänse können ihn unbehütet gehen. Die schattenspendenden, abwechslungsreichen Strauch- und Baumgehölze dienen der Selbstmedikation der Tiere, bieten Lebensraum für Niederwild, Vögel und Insekten und liefern auch dem Besitzer köstliches Wildobst und Honig.

Im dichten Saum finden Braunkehlchen, Rebhühner und Feldhasen Schutz. Es gehört eine große Menge Disziplin und Verständnis dazu, diese Flächen nicht aus Übereifer regelmäßig zu mulchen, sondern sie durch den Viehtrieb oder das gezielte Mähen zu erhalten.

Der naturbelassene Feldweg bremst den Industrie-Bauern aus und durchkreuzt die Planungen der Flurbereiniger. Geschwindigkeit, Billigkeit, Erreichbarkeit, weite Wege, überbreite Maschinen. Das Unsinnige muss sich lohnen. Wir brauchen echte Bauern, die solche Wege am Leben erhalten. Auch Arbeitszeit ist Lebenszeit – nicht nur in der Freizeit sollte man schöne Wege befahren. Schnelligkeit und Effizienz ist eine Flucht, ein Eingeständnis, dass man Chemie und Gentechnik auf geteerten Wegen in den Verkehr bringt.

3. Feldraine und Wegränder

Ränder sind unterschätzte Strukturen. Beim genauen Hinsehen fällt auf: Fast alles hat einen Rand. Ungeliebt, missachtet und unterschätzt wird er meist nicht betrachtet. Wie man ihn behandelt, ob man ihn will oder nicht, ist eine Frage des Standpunkts. Die Bedeutung des Randes in der freien Landschaft wird zunehmend erkannt. Wege, Felder, Bachläufe und Baustrukturen stellen Ränder zur Verfügung, in denen ein gewaltiges Potenzial für die Natur und für den Menschen steckt.

Ränder sind die Rahmen der Elemente einer Landschaft. Sie umfassen, umarmen und umrahmen. Und dennoch werden sie missachtet, misshandelt und missbraucht.

Ein Spaziergang ohne Ränder ist undenkbar, wann immer eine Wanderung zur Last wird, fehlt der Rahmen.

Die Schönheit wird bei der genaueren Betrachtung klar. Detailverliebt verzieren die natürlichen Rahmen das Land. Eine Vielfalt von Lebewesen finden hier Schutz und Lebensraum, denn Ränder sind sehr variabel. Form, Untergrund, Struktur und Lage bestimmen ihre Eigenschaften und so gleicht kaum ein Rand oder Saum dem anderen. Wo der Zufall säht, da erntet das Erstaunen. Ein Erstaunen, dass das Kindliche in uns fordert und fördert. Das Kindliche, jene ursprüngliche Offenheit und Neugier, das Kindliche im Alten, die Erinnerung an erste Eindrücke, an eine Zeit, in der Margeriten und Kuckuckslichtnelken noch mannshoch waren. Eine Zeit, die nur ein Zeitpunkt ist. Glücklich der, dessen Kindheitsaspekt in der Vielfalt liegt, traurig zugleich, denn er vermisst.

Blumen, Gräser, das Zirpen der Grillen und Heuschrecken, das Flattern der Schmetterlinge und das Surren der Schwebfliegen und Bienen. Ein aufstrebender Schwarm Vögel, die Samen suchen. Ein einzelner Neuntöter auf dem Zaunpfahl, ein Braunkehlchen auf dem dorren Staudenzweig. Oder eine sandbadende Gruppe Rebhühner, im Ruf der Wachtel. Ein Feldhase, sich auf dem Weg sonnend, ehe er den Saum aufsucht.

Wie und was wir erleben, was wir suchen, finden und vermissen, das entscheidet unsere Prägung und unser Wissen. Was wir sehen, verstehen wir oft nicht, die Erklärung banal und peinlich. Kostengründe, Ertragssteigerung, befestigtes Bankett, Verkehrssicherheit, Überbreite. Technische Begriffe, die den Verlust schamhaft kaschieren. Um den Reichtum unserer Vorfahren beraubt, sind sie meist nicht mehr als der Schein eines Randes, das Skelett eines Saums und der Hauch von Nichts. Der zerrupfte Mulchfilz den Boden deckend, der heraufgepflügte Weggrund als steingewordener Zeigefinger einer maßlosen Flächenvergrößerung.

Ränder sind Grenzen. Sie mahnen zur Beschränkung. Ein guter Rand, ein blühender Saum – keine schönere Begrenzung unserer Arbeit kann man sich vorstellen. Von Natur aus schön waren sie, bis wir sie überarbeiteten, weil wir nicht an Grenzen glaubten. Die Realität spülte alles weg. Hochwasser, Erosion, kaputte Wege, verschlämmter Boden belehrten uns, was der Rand uns hilft. Er ist Schutz, er ist Nutz. Voller Leben stiftet er Leben und bereichert, was arm ist. Seine Funktion als Quelle des Lebens ermöglicht es ihm, die benachbarten Kulturen mit Nützlingen zu versorgen. Das haben wir erkannt. Saumprojekte sind in Mode. Mit aller Gewalt und ohne Verständnis blühen allenthalben die Sonnenblumen, Cosmeen, Phazelien und wie sie alle heißen, diese Äpfel der Versuchung. Versuchung für den Menschen, der sich ökologisch rehabilitiert fühlt, umgeben von diesen grellen, unanständigen Blütenpusteln. Für den Menschen, der sich als Schützer fühlt, als Retter der Bienen. Versuchung aber auch für die Insekten, den Hasen, die Spinnen. Allzu sehr locken die Farben. Die Blüten rufen nach den Bienen – oft necktarlos. Sie locken alles an, die Nützlinge und das Niederwild. Sie täuschen Heimat vor und sind doch Fallen. Was im Sommer der vorbeibrausende Verkehr, der ausgeführte Hund oder der pendelnde Fuchs nicht erledigt, erledigt der Besitzer, wenn er die Fläche niedermulcht, umbricht und sich darauf freut, im nächsten Frühjahr wieder alles bunt zu machen. Samenhandel, Buntverführung. Was gut war, wurde nicht durch Aktionismus gut, sondern durch Faulheit, durch Konzentration auf das Wesentliche. Es wurde gut, weil man Ehrfurcht hatte und nicht daran glaubte, dass nur eine optimierte und ausgeweidete Landschaft gut ist.

Sinneswandel statt Samenhandel. Wir brauchen Menschen, die bereit sind zu sehen, anstelle zu säen. Wir brauchen Natureinfühler, statt Maschinenführer.

Jeder Tropfen eines fossilen Brennstoffs, jeder Ladezyklus einer Batterie ist vergeudet, wenn man ihn zur Pflege eines Saums einsetzt. Säume sind die Ersatzteillager unserer Landschaft. Sie liefern das Futter der Tiere auf dem Weg zu Weide und Arbeit. Sie liefern das Obst, das Heu und das Grünfutter für die Landlosen, die Kleinviehhalter. Säume und Ränder liefern Rohstoffe. Weiden für den plastikfreien Korb. Reisig für den Besen, der kein Mikroplastik beim Fegen abgibt.

Säume sind Lebensräume, Säume sind die bunten Grenzen unseres Handelns, Säume sind Dienstleister und Rohwarenlieferanten. Säume sind die wahren Gründe für den erfüllten Sonntagsspaziergang. Säume müssen erfahrbare Träume sein.

Insektenfutter

Dieser Anblick in Bulgarien zeugt von der Bereitschaft, nicht bis an den Rand des Feldes zu pflügen. Streifenförmige Saumstrukturen entstehen, wenn Weisheit und Profitoptimierung im Gleichgewicht stehen. Durch EU-Vorgaben werden immer mehr streifenförmige Saumbiotope geschaffen. Wie zahlreiche Studien belegen, haben diese jedoch oft keinen Nutzen, da sie nicht langfristig angelegt werden und zu schmal sind. Entlang von betonierten Flurwegen und Fahrstraßen ist der Nutzungsdruck durch Autos, Fußgänger und streunende Hunde so groß, dass

für das Niederwild und auch für Insekten kein positiver Effekt entsteht. Fuchs und Rebhuhn müssen sich aus dem Weg gehen können.

Zudem müssen solche Strukturen über die Jahre reifen und wachsen und dürfen nicht am Ende jeden Jahres umgebrochen werden. Säume sind Quellen der Ökosystemdienstleistung. Ihnen entspringen die Nützlinge und Erosion wird verhindert. Man darf den blühenden Saum nicht mit einem Projekt des „green washings" verwechseln, sondern muss die Struktur leben und ihren Nutzen verstehen und gezielt anwenden.

Ein Feldsaum oder Wegrand ist kein hinreichender Grund, Öl oder eine andere endliche Energiequelle zu ihrer Pflege unreflektiert zu verbrauchen. Ränder müssen wachsen und ihr Sinn muss verstanden werden. Das Gebot ist, sie in Ruhe zu lassen und ihnen nicht aus übertriebener Ordnungsliebe nach dem Leben zu trachten.

Lassen Sie sich nicht von blütenreichen Böschungen neu geschaffener Straßen täuschen oder durch die so genannten „Bürgermeister-Blumenmischungen" am Ortseingang. Diese sind kein Ersatz für natürliche und ursprüngliche Pflanzengemeinschaften. Wenn die angrenzenden Flächen nicht die heimische Vegetation und die Tierwelt beheimaten, so ist die Artenverarmung vorprogrammiert und die Flächen sind völlig nutzlos.

Wiesen-Storch-
schnabel
(*Geranium pratense*)
Wiesen-Pippau
(*Grepis biennis*)

Gelber Wau,
Gelbe Resede
(*Reseda lutea*)
Gemeines Leinkaut
(*Linaria vulgaris*)

Was wir brauchen, ist eine kleinbäuerliche, biologische Landwirtschaft. Eine Bauernkultur, die keine „Schutzäcker", „blühende Randstreifen" und „Buntbrachen" unterstreicht, sondern die nachhaltig einer großen Vielfalt von Nutz- und Segetalpflanzen ein Überleben ermöglicht. Das genetische Potenzial von „Wildkräutern" ist dauerhaft zu erhalten. „Ansaat-Blütenstreifen" und „Buntbrachen" sind unnachhaltig, da sie auf Förderprogrammen beruhen, die endlich sind und wieder vergessen werden. Sie konkurrieren mit dem Sinneswandel zum Erhalt von Wildkräutern in allen Teilen der Landschaft, da sie kunterbunten Aktionismus vortäuschen und unser schlechtes Gewissen beruhigen. Natürlichem Aufkommen von Wildkräutern an Rainen und Wegsäumen ist der Vorrang zu geben.

Künstlich ausgesäte Blütenstreifen dürfen die Spontanvegetation von Segetalpflanzen nicht behindern. Das tun sie jedoch meist, da sich konkurrenz- und blütenstarke Wildkrautarten in der Samenmischung befinden, die nicht standorttypisch sind und als blütenstarker Aktionismus verstanden werden müssen. Pflanzen mit gefüllten Blüten, varianten Blütenfarben oder Arten, wie Phacelia, Zinnien, Goldmohn oder Cosmea, haben auf den Äckern Mitteleuropas nichts verloren.

Auf diesen Bildern scheint das Ökosystem mit autochthonen Pflanzen noch in Ordnung zu sein. Doch die moderne Landwirtschaft stört dieses Gleichgewicht. Schnell und von der Öffentlichkeit unbemerkt verödet eine Landschaft an Fauna und Flora und wird zu einem instabilen, artenarmen Lebensraum. Oder reichen uns die 12 wiederangesiedelten Wildkräuter einer kommerziellen Samenmischung?

Sinneswandel oder Samenhandel?

4. Feldhecken

Hecken sind die Muskeln einer Landschaft. Sie kräftigen das umliegende Land, indem sie durch ihre vernetzende Wirkung Nützlingen das Leben und Wandern ermöglichen, dem Boden Halt geben und dem Wind die Kraft nehmen und überdies das Mikroklima verändern. Hecken sind nicht in allen Regionen typisch, aber eine Landschaft, in der wir heute keine Hecken sehen, ist nicht unbedingt schon immer ohne diese Struktur gediehen.

In England, dem Land, in dem man noch heute eine durch Hecken geprägte Landschaft vorfindet, sind in den letzten 50 Jahren Tausende Kilometer Hecken zerstört worden.

Diese Auswaidung der Landschaft hat drastische Folgen. Nützlinge gehen verloren. Das Rebhuhn, der Feldhase, aber vor allem auch die vielen Insekten und kleinen Feldvögel benötigen den Schutz der Hecken als Lebens- und Reproduktionsraum. Hecken sind wie Waldränder ohne Wald. Sie bieten in beide Richtungen die vielfältigen Strukturen eines Randes. Ränder sind Übergangsformen zwischen Ökosystemen, daher treffen sich hier die Arten der beiden Systeme und treten in Interaktion und finden das, was ihnen im anderen System fehlt. Eine Hecke muss demnach breit sein, breit genug, um Schutz und Rand zu sein. Rückzugsort für die Waldbewohner, die in ihr die Landschaft durchqueren und sie so vernetzen.

Feldsträucher, die in ihrer Gesamtheit Hecken bilden, brauchen aber immer auch die richtige Pflege. Eine fehlende Bearbeitung lässt den Riegel vergreisen und Bäume wachsen durch. Dadurch geht der bodennahe Schutz verloren. Oft sieht man, wie Hecken seitlich geschnitten werden – mit verschiedenen Mähgeräten –; danach ist die Hecke licht und durchsichtig. Der schützende Wert ist verloren und die Blütenknospen, die die Früchte für das nächste Jahr bilden, ja auch die Früchte des aktuellen Jahres sind weggeschnitten. Eine Hecke, die zu oft in Form gehalten wird, trägt keine Früchte für die überwinternden Vögel. Hecken brauchen fachgerechte Nutzung und keine Pflege. Eine Entnahme von Reisig, das Hegen der Hecke, um sie dichter werden zu lassen. Dichte Hecken, oft in Verbindung mit Mauern oder Lesesteinwällen, ersetzen jeden Weidezaun.

Unsere Landschaft ist ausgeräumt. Wegen der wenigen zusätzlichen Meter Land mehr wurden die Hecken gefällt. Der Ertrag steigt minimal, die Kosten werden externalisiert. Braune Erosionsbäche, ausgewaschene Felder und Wege zeigen an, dass der Boden weggeschwemmt wurde, den eigentlich die vertikale Struktur der Hecke halten müsste. Überschwemmungen, Rückhaltebecken, Staub und zerstörte Flurwege sind die Folgen. Die Kosten werden dem Steuerzahler auferlegt, während der Feldeigentümer zunehmend mehr düngen muss, um den schwindenden Humus zu kompensieren.

Der Verlust von Feldgehölzen und Hecken ist ein erster Schritt in Richtung Osterinseln. Dort fielen alle Bäume den Menschen zum Opfer, die riesenhafte Steinköpfe errichten wollten. Hier fallen sie den Menschen zum Opfer, die riesenhafte Maschinen bedienen möchten. Die Kultur der Steinkopfarchitekten ging unter, als das Holz aufgebraucht war. Nach drei Generationen Verlust ist es Zeit umzusteuern. Wir müssen unsere Einordnung in die Welt neu überdenken und verstehen, dass wir eigentlich einen anderen Platz in unserer natürlichen Lebensumwelt haben. Das Anthropozän ist überholt – wir werden nur nachhaltig überleben, wenn wir begreifen, dass wir nicht alles beherrschen können und müssen.

Wo gibt es noch solch einen bäuerlichen Kulturlandschaftsaspekt? Die Anpassung an eine maschinengerechte Landwirtschaft hat die Hecken weitgehend verschwinden lassen. Ausgleichsflächen kaschieren diesen Verlust und machen die hässliche und leere Landschaft darüber hinaus noch schamhaft fleckig.

In dieser Landschaft leben Tiere.
Fehlt die Giraffe in Afrika oder der Ara in Brasilien, so empfinden wir es als schlimm. Es ist aber genauso schlimm, in einer Landschaft zu leben, in der der Neuntöter, der Gelbspötter und die Dorngrasmücke fehlen. Jede Landschaft hat eine typische Tierwelt, deren Fehlen auf Fehlentwicklungen hinweist.

Diese Landschaft in England zeigt uns, dass eine Bauernkultur mit von Hecken umsäumten Feldern nicht nur in der Vergangenheit möglich war – die Gegenwart und Zukunft fordert diese Heckenlandschaft ebenso. Flurgrenzbiotope, dazu gehören neben Rainen, Wegsäumen, Steinriegeln, selbstverständlich auch Hecken und Bäume, sind wertvolle Habitate vieler Tier- und Pflanzenarten.

Die Geschichte der Osterinseln, in der die Ausbeutung einer Landschaft mit dem alleinigen Ziel der Gewinnoptimierung zum Entzug der Lebensgrundlagen und zum Ende einer Kultur führte, darf sich nicht mehr wiederholen. Unsere Landschaft, die zunehmend lebloser wird, fordert die Menschen auf, dass sie umsteuern müssen – und zwar sofort. Der stumme Frühling macht Angst, er ist ein Aufschrei für den Wandel, die Wiederbelebung unserer Fluren.

Hecken sind keine störenden Riegel in der Landschaft. Sie sind ein wichtiger Beitrag, die Kosten von Erosion und Schädlingsmanagement nicht länger zu externalisieren. Jede Hecke schont den Steuerzahler.

Die Schönheit einer blühenden Hecke, der Gesang der Vögel im Frühling, das Zirpen der Insekten, der aufgeschreckte Hase beim Spaziergang oder auf dem Weg zur Arbeit auf dem Feld. All das sind Zeichen dafür, dass Schützen und Nützen eins sind.

5. Wiesen

Die kulturelle Entwicklung des Menschen vom Jäger und Sammler endete nicht beim Hirten. Das Sesshaftwerden brachte weitere Vorteile mit sich. Allerdings erforderten diese auch einige Anpassungen, vor allem in der Viehzucht. So konnte nur noch bedingt zwischen Sommer- und Winterweiden unterschieden werden. Der jahreszeitliche Zug mit den Herden endete und Gehöfte sowie Dörfer entwickelten sich. Es musste schnell unterschieden werden, was die Tiere im Sommer fressen durften und was nicht. Die Waldweide und die Gemeindeweiden als Nahrungsquelle für die Tiere am Tag, der Stall oder Weidepferch als sichere Unterbringung während der Nacht. Zur Versorgung der Tiere im Winter mussten Nahrungsvorräte angelegt werden. Diese bestanden aus Heu. Die Gewinnung von Heu erforderte einen zweifachen Schnitt. Getrocknetes Gras musste in ausreichender Menge verfügbar sein. Daher erwarteten die Bauern stets die Blüte und das Samen des Glatthafers ab, bevor sie den ersten Schnitt machten. Der Glatthafer als häufiges Weidegras sicherte den Heuertrag. Der zweite Schnitt, der je nach Region einen anderen Namen trägt, lieferte ein noch feineres Heu. Diese zweimalige Mahd sorgte für einige besondere Anpassungen auf der Wiese. Pflanzen, die zuvor nur oberhalb der Baumgrenze, in Überflutungszonen der Flüsse und Meere oder in Mooren Fuß fassen konnten und auf die regelmäßige Störung durch Flut, Lawinen oder hohe Feuchtigkeitsschwankungen angewiesen waren, konnten nun, geschützt vor Fraß, auf den Flächen Fuß fassen, die der Bauer nur zweimal jährlich mähte. Dieses System etablierte sich für mehr als 1.000 Jahre. Die Zeit reichte aus, um neben Pflanzengesellschaften eine sehr vielfältige Zusammensetzung an Insekten, Vögeln und Kleinsäugern auf diesen Flächen zu etablieren. Vielfältige Wiesenökosysteme entstanden. Die Entnahme von Nährstoffen durch das Abfahren von Heu und die spärliche, wenn nicht ganz ausbleibende Düngung führten, dem „paradox of enrichment“ folgend, zu sehr artenreichen Gesellschaften. Diese zogen ihre Vielfalt aus der Nährstoffarmut der Flächen, die dadurch eine große Fülle an Kleinsthabitaten schafften. Da bäuerliche Betriebe ein ganzheitliches Produktrepertoire anstrebten, waren tierische Dünger stets ein wertvoller Rohstoff, der vor allem dem Ackerbau, nicht jedoch den Wiesen zugeführt wurde. Diese jahrhundertelange Entwicklung führte zu einem interessanten ökologischen Phänomen. Mitteleuropa erhielt dadurch neben den artenreichen Buchenmischwäldern einen weiteren Biodiversitäts-Hotspot. So können Wiesen ohne Weiteres als biologisches Juwel Mitteleuropas angesehen werden. Sie sind ein anthropogen geschaffenes Paradies unserer Breiten.

Die Intensivierung der Landwirtschaft führte zur Katastrophe. Die Überproduktion von Dünger und die überdimensionale Haltung von Vieh erforderte und ermöglichte eine Steigerung der Mahdhäufigkeit auf diesen Wiesen. Viele Flächen konnten daher bis zu fünf Mal gemäht werden. Der Löwenzahn verdrängte die angepassten Spezialisten. Heu wurde nicht mehr produziert, es wurde Silage hergestellt. Der Verlust des Heumachens zerstörte auch den Prozess der Wiederversamung der Pflanzen, da die Silage ohne langes und effektives Trocknen in verschiedene Silo-Einrichtungen eingefahren wird. Diese hohe Intensität der Grünflächenbearbeitung und -nutzung führte zu einer raschen Verarmung der Artenvielfalt. Studien konnten sehr schnell den negativen Effekt auf die Pflanzenwelt nachweisen. Mit dem Verlust der Pflanzenvielfalt ging der Verlust der Insektenvielfalt einher. Insekten fanden nicht mehr genügend Lebensraum. Ihnen fehlte es an Nahrung. Das Verschwinden von vielfältigen Kräutergemeinschaften artenreicher Wiesen ist wohl einer der Hauptgründe für die drastische Artenschutzproblematik in Mitteleuropa. Mähen tötet.

Die immer schneller werdenden Vorgänge, die immer breiter werdenden Mähmaschinen und immer größeren Frequenzen lassen keinem Tier die Möglichkeit zu flüchten. Die Flächen sind in den letzten 1.000 Jahren nicht gewachsen, dennoch werden die Mähmaschinen jedes Jahr größer. In einer kleinstrukturierten Landschaft in Süddeutschland entdeckten wir in den letzten Wochen einen 8 m breiten Kreiselmäher. Warum wachsen die Maschinen immer weiter, wo doch die Fläche konstant bleibt? Kein Insekt, kein Hase, kein Vogel kann einem schnell fahrenden Mähwerk oder einer Verlademaschine entkommen. Die Zeiten der Sense und des Balkenmähers sind leider vorbei, die Zeiten des gefühlvollen Mähens auch. Sensen und Balkenmäher vernichteten nur auf einer sehr schmalen Ebene das Leben. Rotationsmähwerke jedoch vernichten alles. Ähnlich dem Überfischen der Weltmeere werden den Wiesen bei jedem Schnitt Arten entzogen, die sich nicht erholen können. Insekten und Samen werden abgefahren und in Plastik verpackt. Zurück bleibt eine leere Fläche ohne ausreichend Potenzial zur Wiederbesiedlung.

In München auf einem innerstädtischen Campingplatz, inmitten von Straßenlärm und dem Quietschen der Rangierloks, liegt man versunken in seiner Landlust im Zelt und sehnt die Natur und die Stille herbei, den Frieden des Landes. Doch das geschulte Ohr hört aus dem Toben der Stadt einen Chor Laubfrösche heraus, die hier noch singen, auf einer Brache in der Nähe. Dutzende – zusammen mit Heuschrecken und Grillen.

Tags darauf – Camping auf dem Biolandbauernhof. Bergpanorama. Lederhose. Hüttenflair. Die Stille der Nacht. Die Dunkelheit des Landes. Die gemähten Wiesen. Gülle in der Nase. Stille. Nur die Reitpferde schnauben, eins reibt sich am Stall. Fleischgewordener Wohlstand in einer Landschaft ohne Frösche und ohne Gequake der Unken. Ohrenbetäubend nur das Schweigen der Grashüpfer auf dem Jaucherasen.

Ganz besonders ist auch der funktionelle Wert unserer artenreichen Wiesen zu betonen. Die Bindung von CO_2 durch Produktion von Humus, die Produktion von Sauerstoff und das Binden von Feinstaub. Nur wenigen Tieren ist es möglich, aus Gras Nahrung für den Menschen herzustellen. Daher ist, wie im Kapitel „Weiden“ beschrieben, der Verzehr von Produkten aus der Weideviehhaltung auch ein Beitrag zum Schutz der biologischen Vielfalt. Ganz besonders wertvoll ist die Kombination mit Produkten aus der Heufütterung. Heumilch und andere Erzeugnisse garantieren einen schonenderen Umgang mit unseren Wiesen als Vergleichsprodukte mit Silofütterung.

Wir möchten in diesem Kapitel Wiesen zeigen, von denen wir glauben, dass wir sie brauchen.

Wir brauchen sie für eine funktionelle Umwelt und für unser Herz, denn sie sind einfach unbeschreiblich schön.

Die Wiesen sind das wandelbare Gesicht einer Landschaft. Keine Wiese gleicht der anderen. Auf jede gute, artenreiche Wiese, egal wie sie aussieht, kann man stolz sein.
Der Verlust unserer Bauernwiesen ist tragisch. Während die älteren noch von gepflückten Blumensträußen sprechen, kennen die jungen Menschen nur noch gelbe Löwenzahnwiesen. Das Phänomen der „shifting baseline" macht die Definition von Schutzzielen so schwer. Fehlt uns der Wachtelkönig, der in den 1960er-Jahren noch überall rief? Oder fehlen nur die Rebhühner? Wer nicht weiß, was hier leben müsste, kann auch das drastische Insektensterben nicht bewerten und begreifen.

Seite 186/187
Diese blühende, extensiv genutzte Heuwiese bei Münsingen auf der Schwäbischen Alb ist heute zugebaut. Ist es wichtig, diese Wiese zweimal im Jahr extensiv zu mähen? Oder war es sinnvoll, dort Industrie, Geschäfte, Lebensmitteldiscounter anzusiedeln? Wir brauchen eine Gesellschaft, die andere Prioritäten als Kommerz und Wirtschaftswachstum um jeden Preis setzt. Die Wiedereingliederung der Höfe, Geschäfte und Handwerksbetriebe in die Dörfer schöpft regional Werte und schafft Lebenskreisläufe, die verbinden und nicht trennen.

Dem Zeitgeist des übertriebenen Ordnungssinns und der wirtschaftlichen Optimierung erlegen, traut sich die Masse der Menschen immer noch nicht, ihren Rasen in eine artenreiche Wiese zu verwandeln. Solch blühende Wiesen, wie die Bilder zeigen, könnten auch in ihrem Garten und auf ihrem Grünland blühen. Sie sind kein exklusives Erscheinungsbild von Naturschutzgebieten. Wenn Sie zudem Teile der Wiese über den Winter ungemäht stehen lassen, dann können große Mengen Insektenarten unterschiedlicher Entwicklungsstadien überwintern und das biologische Gleichgewicht und die ökologischen Funktionen im Frühjahr aufrechterhalten. Auch die Wiesenbrüter und Samenfresser unter den Vögeln haben ihren Nutzen davon.

Satt und glücklich.

Dass auch ein Acker auf den ersten Blick wie eine Wiese wirken kann, zeigt dieser Anblick in Bulgarien. Die Blütenpracht der Wiesen und der Ackerwildkräuter, die uns flächig betören, ist neben ihrer Schönheit auch die Absicherung, dass uns die Insekten immer zur Seite stehen können: in Bestäubung, Schädlingskontrolle und beim Sammeln von Honig.

Dass diese Wiesen nicht angesät wurden, glaubt man auf den ersten Blick nicht. Die Flusswiesen des Bug in Polen, die Steppenweiden in Ungarn konfrontieren den Entwöhnten mit unbarmherziger Schönheit und Fülle. Nur wer sie gesehen, gehört und erlebt hat, weiß die Gefahr der Gewohnheit zu bewerten, die uns nach Jahren der Einöde und des Artensterbens Frühlingsgefühle beim Anblick einer Löwenzahnwiese entlocken.

Vom Frühsommer bis in den Herbst hinein blüht der Wiesen-Storchschnabel (*Geranium pratense*). Bei starkem Weidegang bzw. zu starker Mähnutzung tritt diese Blume, die tiefgründigen, kalkhaltigen Lehmboden liebt, auf solchen Weidewiesen zurück und verschwindet. Und mit ihr wird auch der Raupe des Schwarzbraunen-Bläulings (*Plebejus eumedon s.l.*) die Futterpflanze entzogen.

Lebende Bauernwiese – Siedlungsgebiet für viele Pflanzenarten, die um Licht, Platz und Nahrung konkurrieren; verlockend für Schmetterlinge, Bienen, Käfer und viele andere Insekten.
Wer beim Anblick dieser Bauernwiese nicht ins Schwärmen gerät, dem ist die Feinfühligkeit gegenüber dem „Garten Welt" verlorengegangen. Wer beim Sterben solcher Wiesen nichts empfindet, dessen Seele ist bereits gestorben.

6. Weiden

Die kulturelle Entwicklung des Menschen beginnt in einer engen Partnerschaft mit der Natur. Als Jäger und Sammler spielte der Mensch über einen langen Zeitraum eine gleichberechtigte Rolle neben anderen großen Räubern. Der aufrechte Gang und die überproportional große Entwicklung des Gehirns ermöglichte es dem Menschen, Innovationen zu tätigen und durch die Interaktion mit anderen Menschen Kulturformen zu gründen. Die Domestikation von Vieh ist eine Schlüsselinnovation. Sie schaffte es, Grasfresser dicht an den Menschen zu binden. Durch diesen Schritt änderte sich die Welt stark.

Die Megaherbivorentheorie besagt, dass große Herden von Gras- und Blätterfressern durch die Ökosysteme Mitteleuropas zogen und durch ihre Störung gewisse Bereiche der Landschaft offen gehalten haben. Natürlicherweise sind in unseren Breiten lediglich wenige Ökosysteme nicht bewaldet. Dazu zählen Moore, Überflutungsflächen, Salzwiesen und Bereiche oberhalb der Baumgrenze. Diese Sonderstandorte wurden durch Megaherbivoren vergrößert. Zyklisch wandernde Herden von Wisenten, Hirschen oder auch Elefanten und Nashörnern sorgten für eine regelmäßige Störung. Nicht zu vergessen sind auch die Heuschreckenschwärme, die in periodischen Abständen über das Land zogen. In geringem Maße sorgten diese Einwirkungen bereits für offene Bereiche. Die verstärkte Haltung von Rindern, Schafen, Ziegen und Pferden erweiterte diese Lebensräume. Eine Struktur aus Weiden und Äsungsflächen entstand.

Durch das nomadische Leben der frühen Menschen variierten diese Weiden im jahreszeitlichen Verlauf und wurden schon früh an die optimale Nutzung angepasst. Sommer- und Winterweiden wurden unterschieden.

Diese Weiden schafften besondere Lebensräume, die sonst nur in begrenztem Maße vorhanden waren.

Große Weidelandschaften sind selten geworden. Die fatale Weiterentwicklung der Tierhaltung führt zu einem Verlust der Freilandnutzung. Der Wert von Weidelandschaften geht verloren, wo er doch gar nicht hoch genug eingeschätzt werden kann.

Im Biologiestudium reisten wir extra in eines der letzten großen, verbliebenen Weidegebiete Europas, um dort die Ökologie dieses Lebensraums kennen zu lernen. Denn nur, was man kennt, kann man vermissen und schützen. Wir haben uns diesen Lebensraum angesehen, um zu lernen, was die Schutzziele bei uns zuhause sein müssten, um ein derartiges Potenzial an biologischer Vielfalt wiederherstellen zu können. Meistens ist eine solche Wiederherstellung ja nicht mehr möglich und man versucht, die letzten Reste einer Natur zu konservieren. Der letzte Neuntöter, die letzte Feldgrille und diverse Pflanzengesellschaften werden dann mühevoll durch Erhaltungsschutz eingehegt und womöglich mit Schild und Zaun versehen. Dieses Abriegeln der Natur führt zum Vergessen und das Aussterben erfolgt dann in aller Stille, ohne Aufschrei und naturschutzfachlich bewacht.

Kommt man aber in eine gute Landschaft, dann wundert man sich über die Daheimgebliebenen, die sich am Amselgesang erfreuen und sich über die letzten sieben Mücken ärgern, die in der Luft unserer Heimat verloren umherschwirren. Wenn man im Zelt liegt, der Pirol ruft, die Wiedehopfe hupen und die Unkenchöre den Horizont in einen bitonalen Wechsel tauchen, dann weiß man, was wir verloren haben in unserer Agrar- und Industriewüste.

Die Hortobágyi-Puszta in Ungarn ist eines dieser verbliebenen Weidegebiete. Hier befanden wir uns mit einer Gruppe Studenten der Ökologie, um uns eine Sonderform der Beweidungslandschaft anzusehen. Ein Nationalpark in Ostungarn flach wie eine Pfanne. Trocken. Heiß. Und doch auch feucht in manchen Ecken. Das ehemalige Pantanal Europas.

Als Donau und Theiss vor 250 Jahren noch ungezähmt waren, ergossen sich hier die Gewässer der umrahmenden Gebirge in die Freifläche und machten genau das, was wir heute im Pantanal oder im Binnendelta des Okowangobeckens bewundern. Großflächig Fläche fluten nämlich. Der Horror des Hochwasserschutzes, aber genau das, was die Natur braucht: Feuchtgebiete. Klimaschutz. Artenexplosionen und Biomassequellen. Das hat sich geändert. Der Nationalpark hat mittlerweile andere Gründe. Großflächige Steppe. Feldlerchen, Schreiadler, ein Lannertfalke und, einem fliegenden Butterfass gleichend, die Großtrappe.

Während ringsum die Schweinefarmen sprießen, südamerikanisches Soja in Putenhälse gestopft wird, übermotorisierte Pflüge an den Nationalparkgrenzen schaben und das Sprühflugzeug kreist, sitzt man mit seiner Exkursion im Nationalparkzentrum und lehrt den Studierenden den Sinn von Ökosystemen. Viel Geld fließt in die ursprüngliche Bewirtschaftungsform, die Beweidung. Ungarische Rinder und Wasserbüffel werden gezielt zur Offenhaltung eingesetzt und gefördert. Regionale Hirtentraditionen werden vermarktet und man merkt, wie sehr diese Form der indigenen Bewirtschaftung durch die Zwänge des Weltmarktes gefährdet ist. Man fühlt mit jedem Rinderhirten mit, möchte ihm den 100-fachen Preis für die Salami zahlen, nur damit er widersteht. Widersteht gegen den Pflug, gegen den Raubbau am Nationalpark, gegen die Versuchung, mit dem Rinderhüten aufzuhören. Verschämt kauft man dann, wenn man ja selbst auch nur Student ist, eine Postkarte mit Büffelmotiv. Den 100-fachen Preis der Salami könnte man sich auch gar nicht leisten. Da man aber im tiefen Herzen mehr tun möchte, so glaubt man an den Faktor des Ökotourismus. Verlässt den Vogelbeobachtungsturm, wäscht sich die Hände, sucht die saubereren der beiden Wanderschuhe und begibt sich mit der Horde Jungstudenten in das örtliche Wirtshaus. Der Slogan „Schützen durch Aufessen" klingt in den Ohren, als wir die Speisekarte durchstöbern. Ungarisch ist schwer. Das Wort Gulasch leuchtet jedoch in der Fülle von Konsonantenkombinationen.

Das regionale Verspeisen der Rinderherzen macht wohl am meisten Sinn, wenn man an die Zukunftsfähigkeit des Systemschutzes durch kleinbäuerliche und naturnahe Nutzung glaubt, denke ich im Stillen.

Die Horde langhaariger, barfüßiger und in Recyclingstoffe gehüllter Jungökologen denkt da wohl anders. Nicht ahnend, wie zweifelhaft schmutzige Exkursionsbarfüße auf gutbürgerliche, ungarische Gastwirte wirken, versuchen sie, vom ökologischen Fußabdruck getrieben, die klimapolitische Absolution. So sitzen wir da, der Steinkauz ruft. Auf unserem Tisch stehen 13 Pizza Funghi und drei Gulasch. Pizza Funghi, wo doch jeder Landwirt mit gesundem Menschenverstand weiß, dass in der Steppe keine Funghi wachsen. Wo doch die letzten Tage gezeigt haben sollten, dass der Nationalpark nur durch Beweidung erhalten werden kann und nicht durch Weizenanbau. Auch Tomatengewächshäuser haben wir zum Glück keine gesehen. Rinder und Kräuter, das gab es in Hülle und Fülle. Gepaart mit Biodiversität und Biomasse. Ich zweifle an unserem Lehrerfolg und denke an das Nilpferd, den Prototyp des flexiblen Vegetariers, das auch mal die Gelegenheit beim Schopf packt und ein Gnukalb verschluckt. Die Pizza Funghi, die ich nie gegessen habe, liegt mir noch immer schwer im Magen. Führt nachhaltiges und klimabewusstes Denken manchmal zu Systemblindheit? Das Lehrziel „Schützen durch Nützen" haben wir jedenfalls gehörig verfehlt.

Weiden sind wichtig. Wir möchten Sie durch unsere Bilder-Weiden begeistern. Weiden können nur erhalten werden, wenn sie genutzt werden. Weiderindfleisch und Milch von Weidetieren sind wichtige Faktoren, die die Weidehaltung attraktiv halten. Kein Stall und auch keine Salatkultur kann die positiven Effekte einer natürlichen Weide für das Klima, für die biologische Vielfalt oder für das Tierwohl ersetzen. Wir können uns sicher sein, dass die ökologische Beweidung des Offenlandes durch Tiere eine bessere Nachhaltigkeitsbilanz hat als der Einsatz von motorisierten Maschinen zur Offenhaltung und zur Bewirtschaftung von Grünland.

Weiden sind ein wichtiger Bestandteil einer nachhaltigen bäuerlichen Landwirtschaft. Sie funktionieren aber nur in Kombination mit Wiesen.

Zusammen bilden Wiesen und Weiden ein Mosaik von Schönheit, Funktion und Nutzen. Sie sind nicht allein wegen der Größe ihrer Flächen wichtige Elemente im Gesicht einer Landschaft.

Der Anblick weidender Kühe, die Friedlichkeit des Wiederkäuens, seltene Haustierrassen. Kein Bild, das für Bergwanderer reserviert sein sollte.

Die gemischte Beweidung vermittelt einen Eindruck vom Paradies und optimiert die Nutzung der vorhandenen Kräuter, Gräser und Sträucher. Gerade in Bergregionen werden so artenreiche Matten erhalten. Die Vorzüge der gemischten Haltung lassen sich je nach Herdenzusammensetzung kombinieren. Der Verbleib von Tierkadavern auf der Weide fördert zudem den Erhalt von wichtigen tierischen Verwertern. Geier, Bären und Wölfe als Gesundheitsamt der Natur erhalten die Qualität und Vitalität der Herde. Der offene Eichenhain und die Archaik des Anblicks lässt uns im Landleben Heimat finden.

Zu einem besonderen Käse und einem besonderen Fleisch gehört auch eine besondere Kuh und ein einzigartiger Lebensraum.

Die Beweidung von Streuobstwiesen erzeugt neben Apfelkuchen, Most und Saft auch noch den passenden Braten, Käse und Milch.

„Der melkt ja die Kuh von rechts. Das kann nicht in Baden-Württemberg sein, das ist in Bayern."

Im kleinbäuerlichen Betrieb ist die Beziehung zwischen Bauer und Kuh am intensivsten. Eine friedvolle Einheit zwischen Tier und Mensch. Beide haben Vertrauen und Achtung zueinander. In gemeinsamer Evolution sind sie verbunden und der Bauer sieht sie als Mitgeschöpf mit Eigenwert.

Die Vielfalt der Arbeitsmethoden drückt sich auch in einfachen Arbeiten aus.

Kreislaufwirtschaft und Upcycling. Die Beweidung des Gründüngers nach dem Abernten des Getreides stimuliert den Wuchs der Leguminosen und regt die Stickstoffbindung im Boden an. Die Kühe und die munter schnatternden

Gänse veredeln dieses Pflanzenmaterial in delikater Weise. Eine Win-Win-Situation, die einen ganzheitlichen Bauernhof mit geringer Spezialisierung fordert.

Freier Weidegang für Rotbunte Schecken eines Biobetriebs.
Billige Milch, deren Preis die Konzerne diktieren, ist der Preis, an dem die Bauern sterben. Es geht nicht nur ums Überleben der Bauern, sondern um den Erhalt der Rassevielfalt, der genetischen Diversität und um den Erhalt der Weide- und Heulandschaft.

Die Rassevielfalt ermöglicht die Nutzung der Vielfalt unserer Standorte. Es wachsen niemals die falschen Pflanzen, sondern es grasen oft die falschen Kühe.

Der Stacheldrahtzaun mit Querlatte. Ein Produkt der Rohstoffeffizienz. Hier finden Wildkräuter eine Nische, ohne dass der Zaun seine Wirksamkeit verliert. Den Weidegängern wird die Selbstmedikation ermöglicht und auf das Freischneiden der Kunststofflitzen kann verzichtet werden.

Hochstauden und eine Kuh mit Hörnern. Perfekt!

Der Stellplatz eines Zugtiers. Keine Garage und kein Parkplatz für den Traktor kann die Schönheit, die Vielfalt und den Nutzen dieses Lebensraums ersetzen.

Weidegang hat Tradition. So wie Rom wurden auch die Steinzäune in alten Weidegebieten nicht an einem Tag errichtet. Der lebende Zaun aus Stein und Dornen. Ein Paradies für die Tier- und Pflanzenwelt.

7. Wasser

Zu einer funktionierenden Kulturlandschaft gehört neben dem Land auch das Wasser. Die Nutzung des Wassers spielt eine zentrale Rolle im Leben der Menschen. Vom Beduinenbrunnen bis hin zum ausgeklügelten Kanalsystem; die Rolle des Wassers ist zentral und vielfältig.

Steh- und Fließgewässer erfüllen in Mitteleuropa wichtige Aufgaben. Neben dem Transport von Menschen und Gütern auf den großen Flüssen konnten Kanalsysteme und Treidelpfade auch abgelegene Gegenden erschließen und sorgten zugleich für Bewässerung.

Die Trockenlegung ganzer Landschaften schuf zum einen vereinfacht nutzbares Kulturland und auf der anderen Seite Gräben, Bäche und Seen. Diese Entwicklung, die auf den ersten Blick als große Kulturleistung angesehen werden kann, zerstörte wichtige Funktionen der Feuchtländer. Die Wasserspeicherung und die damit einhergehende Klimaregulation ging verloren, die Bodendegradation und der dadurch hervorgerufene Treibhausgasausstoß und die Zerstörung seltener Lebensräume setzten ein. Die Begradigung von Flüssen schuf wiederum Wohn- und Kulturland, verkleinerte die Funktion des natürlichen Hochwassermanagements und verlagerte die Schäden flussabwärts.

Während in der natürlichen Flusslandschaft das Hochwasser aktiv den Nährstoffhaushalt mitgestaltet, wird durch den Ausschluss von Hochwasserereignissen die Düngung voll kommerzialisiert. In Ägypten führte das Wegfallen des fruchtbringenden Nilhochwassers durch den Bau der großen Staudämme zu verheerenden Entwicklungen in der kleinbäuerlichen Kultur. Während man früher vom natürlichen Hochwasser, das kostenfrei wiederkehrte, abhängig war, so ist man heute von der kostenintensiven Bewässerung und der Düngemittelindustrie abhängig. Der Wasserhaushalt einer Region ist somit existenzsichernd.

Die natürliche Landschaft bietet volle Funktionalität ohne Risiken. Wir haben ihr die Funktionalität genommen und werden der Risiken kaum Herr. Die wasserrückhaltende Kapillarwirkung der Böden ging flächendeckend durch die Kultivierung der Landschaft in Folge der Strukturreform der Landwirtschaft im großen Stil verloren.

Viel Geld wird in den Hochwasserschutz gesteckt. Bagger rollen und Rohstoffe werden verschwendet, für etwas, was der Biber kostenfrei macht. Die Regulierung des Wassers ist eine natürliche Dienstleistung dieser Ökosystemingenieure.

Im Yellowstone Nationalpark machte man eine interessante Entdeckung. Überweidung der Flussauen durch große Hirschherden führte zu Erosion und beschleunigtem Wasserablauf. Grund für die große Zahl der sich sammelnden Hirsche im Flachland war das Fehlen des Wolfs. Der Wolf wurde vor etwa zwanzig Jahren wieder eingeführt. Die Hirsche mieden die leicht erreichbaren Futterstellen, an denen sie schutzlos waren, und verteilten sich wieder in der Fläche. Der Strauchbewuchs nahm zu, Böschungen regenerierten sich und der Biber wurde durch die flussnahen Gehölze angelockt. Er staute das Wasser auf und verringerte die Fließgeschwindigkeit und die Erosion. Viele andere Arten konnten sich ansiedeln. Der Wolf, obwohl er nur in geringer Stückzahl anwesend war, veränderte den Tierbestand drastisch. Das Niederwild, die Singvögel und die Pflanzenvielfalt nahmen wieder zu; die aufmerksam gewordenen Hirsche reduzierten ihre Fraßschäden durch die erhöhte Wandertätigkeit.

Fehlt ein Glied in der Kette, kann alles zusammenbrechen. Natürliche Gewässer tragen einen wichtigen Teil dazu bei. Sie müssen genutzt und geschont werden. Das Gleichgewicht, das eine solche Landschaft bietet, schützt vor Risiken und nivelliert diese aus.

Die traditionelle Landnutzung musste die Gewässer nicht schützen, sie wurden genutzt. Pflegemaßnahmen, wie sie der Naturschutz heute als Bestandsschutz teuer und künstlich durchführt, waren nicht nötig. Feuchte Streuwiesen wurden zur

Einstreu gemäht, Röhricht für Matten, Dächer und als Futter verwendet. Teiche wurden revitalisiert, da man den Schlamm als Düngung regelmäßig aushub. Kopfweiden und Besenbirken säumten die Bachläufe und boten Lebensraum für Brutvögel und Insekten. Schweinerassen, wie das Turopolje-Schwein der Save-Auen, waren prädestiniert, sich in Auwäldern und Sümpfen zu ernähren. Die Schweinebeweidung sorgte für Störstellen und ermöglichte eine hohe biologische Vielfalt. Die extensive Weidehaltung des Viehs benötigt Tränken und Suhlen. In Bulgarien beobachteten wir ein Dutzend Schwarzstörche, Weißstörche und Reiher, die in einer Suhle wateten, während ein Schafhirte, ein Kuhhirte und ein Trupp Pferde die Suhle als Tränke und Bad nutzten.

Der Dorfweiher war sozialer Treffpunkt, Badeplatz, Waschplatz, Löschteich, Lieferant des Schwalbenfutters und Ausgangspunkt des Gänsetriebs. Die das Dorfbild bereichernden Enten und Gänse lebten geborgen und warnten bei Gefahren.

Heute steht das Schwein auf einer hygienischen Betonplatte im Neonlicht, während vor dem Stall die Gans, im Plasikkübel badend, auf den Martinstag wartet und unweit davon der verdolte Bach unter dem fuhrparkfreundlichen Agrarbetrieb verschwindet.

Wir jedoch glauben, dass Wasser Leben ist. Leben mit allen Facetten. Wir glauben, dass wir wieder einen neuen Zugang zum Oberflächenwasser brauchen. Eine Herangehensweise, die nicht nur das Verstecken hinter Wällen und Mauern als Ziel hat. Eine überschwemmte Feldflur ist biologisch wertvoll und äußerst sinnvoll und zudem weniger teuer als eine überschwemmte Altstadt, die man bauhistorisch gar nicht schützen kann, da die Bedrohung neu ist, und die daher jedes Jahr bedroht ist.

Sauberes Trinkwasser ist keine Aufgabe des Steuerzahlers und des Brunnenbetreibers. Sauberes Trinkwasser ist die Folge einer guten Landnutzung. Leichtlöslicher Kunstdünger, Güllefluten, Agrargifte haben im Wasser nichts verloren. Das Ausbringen der Güllemassen bei bevorstehendem Regen schadet dem Steuerzahler. Betonierte Wege, Feldbepflanzungen ohne Untervegetation aus Wildkräutern, Schwarzbrachen, spät deckende Kulturen sorgen dafür, dass unser Wasser den wertvollen Humus unserer Landschaft wegtransportiert. Erosion durch das Fehlen von natürlicher Wasserstruktur ist lebensbedrohlich. Die Verwüstung droht. Beobachtet man sie aktiv, so ist man sich sicher, dass man die 50 cm verlorenen Humusoberboden des letzten Jahrhunderts bereits sieht und merkt. Die Steine werden mehr. Ein Biberdamm, ein Mäander mehr, die ökologische Bewirtschaftung durch Kleinbauern, ein flächendeckendes Hochwasser. All das würde helfen, dass die wertvollen Böden nicht im Meer landen, sondern regenerativ vor Ort nutzbar bleiben und in einem fließenden Kreislauf die Felder fruchtbar halten. Dass man für einen solchen Kreislauf keine überdüngte und giftige Brühe braucht, ist jedermann klar.

Es versteht sich von selbst, dass sich in Tümpeln, Lachen und offenen Bächen eine vielfältige Flora und Fauna ausbildet. Ein Mehr an Flora bedeutet ein Weniger an Kohlendioxid in der Atmosphäre.

Nachhaltiger Biotoperhalt

In Bulgarien entdeckten wir diesen herrlichen Anblick. Pferde, Kühe und später auch Schafe und Ziegen nutzten diese Suhle zum Bad, zum Trinken und zum Fressen. Die zahlreichen Schwarzstörche, der Maskenwürger und die Unkenrufe vollendeten den Anblick. Die Kosten für Naturschutzmaßnahmen lassen sich in einer extensiven, flächendeckenden Naturnutzlandschaft senken, da hier die Tiere als Ökosystemingenieure agieren und Gewässer durch ihre temporäre Störung dynamisch erhalten.

Der Schwamm im Tal

Feuchtgebiete in der Agrarlandschaft erfüllen grundlegende Funktionen des Wasserhaushalts, der Wasserreinigung und des Biodiversitätserhalts. Sie sammeln die Fluten der umgebenden Berge, schützen so die Siedlungen talabwärts und liefern auch in Trockenperioden wichtiges Wasser für die umliegende Nutzung. Hochwasserschutz durch räumliche Bescheidenheit und Verzicht. Keine Feldfrucht an diesem Platz deckt die Kosten der Schäden oder der künstlichen Maßnahmen, vor denen uns dieser kostenfreie Sumpf bewahrt.

Röhrichtbeweidung durch Kühe. Ungezwungene Landschaftspflege mit multipler Wertschöpfung.

Wege mit Pfützen dienen den Weidetieren als Tränke und bieten den Wildtieren Bad und Tränke sowie den Schwalben und einigen Insekten Matsch zum Bau der Nester.

Die natürliche Nutzung eines Feuchtgebietes erhält Funktionen und Strukturen. Sie spart Kosten in der naturschutzfachlichen Pflege und wird auch in Notzeiten nicht eingespart, denn die Hirten wissen, dass sie diesem Biotop die Vitalität ihres Viehs verdanken.

Wenn Sie Weidetiere in einem Prospekt sehen, achten Sie auf die Weide: Sind da Bäume oder Gehölzgruppen für den Schatten? Gibt es Sträucher und Säume für die Versorgung mit besonderen Nähr- und Heilstoffen? Gibt es ein Gewässer oder eine Tränke? Ist die Zaunstruktur vielfältig und sitzt da gar ein seltener Vogel? Weiden sind die Lebenslandschaften einer rassegerechten und auf das Tierwohl bedachten Viehhaltung.

Der 43-Punkte-Plan

Leitfaden für die Zukunft einer nachhaltigen Bauernkultur

1. Sozialer Frieden ist möglich, wenn möglichst viele Menschen eigenes Land besitzen, bewirtschaften und lieben.

2. Der Naturraum und die ökosystemare Fuktionalität werden vergrößert, wenn die landwirtschaftlichen Flächen kleiner werden. Die Zunahme von Rändern, Strukturen, Naturwegen, Räumen und Säumen bewirkt eine erhöhte ökosystemare Funktion.

3. Der Weidegang des Viehs ist Teil des Lebens. Triebwege vernetzen die Landschaft, Herden entschleunigen den Verkehr und Bauern stellen Arbeitskräfte ein, die das Büro – zumindest in Teilzeit – gegen die frische Luft eintauschen.

4. Die regionale Vermarktung muss gestärkt werden. Auch kleine Läden sind Teil des Systems und der Vielfalt. Kleine Einzelhandelsgeschäfte, die eine Renaissance erleben, revitalisieren das Einkaufen im Dorf und stiften sozialen Frieden und ein Gefühl des Miteinander. Die bessere Umweltbilanz durch die Nahversorgung mit frischen Lebensmitteln und der höhere Anteil von ökologisch erzeugten Produkten sprechen auch dafür.

5. Regionale Lebensmittel (lebendige Nahrung in Hausmacherqualität) machen glücklich, sie ersetzen Nahrungsmittel (Industrieprodukte). Dies kommt der Gesundheit der Bürger zugute und entlastet das Sozialsystem, die Krankenkassen und stärkt die Volkswirtschaft.

6. Industrielle Überproduktion schadet dem Weltfrieden. Beschäftigung von Menschen auf Bauernhöfen senkt den Exportüberschuss, ohne dass wir hungern. Die Inklusion von Arbeitslosen, Bankern, Menschen mit Behinderung und Bürokräften (und allen anderen) verbindet uns und baut Vorurteile ab. Landwirtschaftliche Arbeit befriedigt den Körper und den Geist.

7. Der ökologische Landbau kurbelt als kleiner oder mittelgroßer Betrieb das Handwerk vor Ort und die Industrie durch Produktion innovativer neuer, kleinerer, aber auch altbewährter Arbeitsmittel an und erhält diese. Neuausrichtung ist nicht gesellschaftlicher und technischer Rückschritt, sondern zukunftsliebende Besinnung und geschichtsbewusste Abwägung.

8. Der eigene Futtermittelanbau muss gefördert werden. Der Strukturfuttermittelanteil (Gras, Heu, Klee) muss in der Viehhaltung (Wiederkäuer) höchste Priorität haben. Eiweißhaltige Importware, wie Soja, das ein rassenwidriges Viehfuttermittel ist und in vielen Ländern zur Landlosigkeit, Armut der Bevölkerung und zu enormen Umweltschäden führt, hat keinen Platz in unseren Futtertrögen. Auch Tiermehl hat auf einem Bauernhof nichts verloren.

9. Fleisch ist ein energieintensives Lebensmittel. Der Konsum von Fleisch ist ein Luxus, der jedem gegönnt ist. Allerdings darf die Produktion von Fleisch nicht zu Lasten von Nahrungsrohstoffen gehen, die dem Menschen anderswo Hunger bereiten. Weidefleisch ist zu fördern. Schweinefleisch ist ein Luxusprodukt aus der Waldweide und der Verwertung unveräußerlicher Feldfrüchte und der Verwertung von Übriggebliebenem.

10. Die dauernde Anbindung ist zulässig, da die Kühe die Nähe zum Menschen auf Grund der Domestikation brauchen, aber nur unter der Bedingung, dass sie zwei bis drei Mal am Tag draußen für mindestens je 1 Stunde in dauernder Bewegung gehalten werden und dass sie auf einem Strohbett ruhen und regelmäßig gebürstet werden. Täglicher Weidegang, den ganzen Tag, auch die Nacht über, hat dennoch Priorität.

11. Manipulationen an den Tieren (auch: Enthornung, Kupieren, Schnabelverkürzungen, erst recht jedoch Gen- und Embryotransfer) sind nicht erlaubt. Die natürliche Besamung ist der künstlichen vorzuziehen.

12. Im Dorf muss pro 100 Kühe ein Bulle, pro 50 Schweine ein Eber gehalten werden. Dies ist als Ergänzung zur Rassevielfalt eine weitere Absicherung, um dem Krankheits- und Seuchenfall ein breites genetisches Potential entgegenzustellen.

13. Tierärzte werden nach der Abgabe – in der Reihenfolge – von homöopathischen, naturmedizinischen und medizinischen Präparaten, je weniger, desto höher prämiert (Quotenregelung). Dem Tierarzt kommen daher neue Aufgaben zu.

14. Je weniger der Bauer den Tierarzt zu sich ruft, desto höher die Prämierung. Die Gesunderhaltung der Tiere muss vorrangig prämiert werden. Die Einführung von betrieblicher Gesundheitsvorsorge (Prävention) muss auch für Haus- und Nutztiere gelten.

15. Die Liberalisierung des Welthandels muss in Ökologisierung des Welthandels umgeschrieben werden. Diese fördert die Reinhaltung der Luft, des Wassers, die Vitalität des Bodens und die Gesundheit der Weltbevölkerung. Dadurch kommt es zur Reduzierung des CO_2-Ausstoßes, was die Klimafolgen abschwächt.

16. Bei der Neuerstellung von Bauernhöfen in regionaler, traditioneller Bauweise muss darauf geachtet werden, dass möglichst viel Sonne in den Stall scheint. Gutes Raumklima muss gewährleistet sein. Die elektromagnetische Strahlungsabschirmung ist ein Teil der ganzheitlichen Hofgestaltung.

17. Die rassegerechten Bewegungsabläufe in den Stallungen müssen gefördert (regelmäßiger Auslauf im Falle eines Anbindestalls) bzw. möglich (neue Stallformen) sein. Es muss ein rassegerechter Besatz pro Quadratmeter für die Tiere zugrunde gelegt werden.

18. Die Ausbringung von Festmist, getrennt von Gülle, ist aus vielen Gründen notwendig. Der Aufbau von Humus, die Förderung von zersetzenden Organismen (Insekten, Bodenorganismen, Vögel) und der Schutz des Grundwassers sind hierfür Hauptgründe.

19. Das Einkaufen beim Biobauern bzw. von biologischen Produkten muss für bedürftige Personen subventioniert werden.

20. Das Heranführen der Konsumenten an den Bauernhof muss durch Urlaub auf dem Bauernhof, Klassenfahrten, aber vor allem durch die kulturelle Integration der bäuerlichen Welt in den Alltag erleichtert werden.

21. Die ökologische Gartenbewirtschaftung und Tierhaltung ist in Lehrplänen zu verankern und auch im urbanen Raum zu fördern.

22. Das Mithelfen auf dem Bauernhof, wie z. B. das Kühehüten, das Rübenverziehen und das Kartoffellesen, muss auch für Schulkinder durch einen kleinen finanziellen Beitrag attraktiv gemacht werden.

23. Das Einsetzen von recycelbaren Stoffen beim Bau von Höfen, Hütten, Häusern, die Verlängerung der Nutzungsdauer von Geräten und Gebäuden sowie die Förderung von Upcycling und wirklich nachhaltigen regenerativen Energien soll gefördert werden.

24. Die optimale, umweltverträgliche Hofbewirtschaftung ist der Einsatz von Zugtieren. Zugtiere sind ein wichtiger Ersatz von fossilen und endlichen Rohstoffen, sie sind in manchen Arbeitsschritten die erste Wahl. Nur für wenige Arbeiten des Hofes werden spezielle Motormaschinen benötigt (Frontlader o. Ä.). Das Anspannen von Pferden, Ochsen und Kühen wie auch das Fahren und Lenken von Wagen und das Feldbestellen mit den Zugtieren muss für jeden Menschen erlernbar sein und wieder zur Selbstverständlichkeit werden.

25. Die Restaurierung kommt vor der Renovierung und diese vor dem Abreißen des Bauernhofes und dem Neubau. Das landschaftstypische Bauen mit Baumaterialien aus der nahen Umgebung ist zu fördern.

26. Die Rendite der Nahrungsmittelindustrie und aller anderen Industriezweige ist dem Verbraucherschutz unterzuordnen. Die Gesundheit und der Umweltschutz müssen eine höhere Priorität haben als die Liberalisierung der Volkswirtschaft. Es kann nicht sein, dass alles, was dem Menschen schadet, auch produziert werden darf. Die Umweltverträglichkeit, die gesundheitliche Unbedenklichkeit von Waren ist von jedem Produzenten durch eine unabhängige Begutachtungsstelle, die aus Ethikern, Theologen, Ökonomen, Verbrauchern und Ökologen besteht, zu überprüfen und zu zertifizieren.

27. Bio muss zur Selbstverständlichkeit werden und sollte nicht mehr auf den Verpackungen erscheinen (nur noch die Angabe der Verbandszugehörigkeit). Alles konventionell Produzierte muss mit Warnhinweisen versehen werden. Das alleinige Wort „Butter", „Brot" etc. ist ähnlich dem Reinheitsgebot des bayerischen Biers nur für reine Produkte zu verwenden.

28. Einführen eines Bewertungsschemas für Betriebe mit der höchsten ökologischen Biodiversität (Vielfalt der Tiere, Pflanzen, je länger der Hof ökologisch bewirtschaftet wird). Dieses Ranking fördert den Wettbewerb.

29. Die „Gläserne Produktion" ist ein schönes Wort. Besser ist eine durchgängige GMEP-Kontrolle (Good Manufacturing Ecological Control) vom Feld auf den Tisch.

30. Prämienzahlungen in der Landwirtschaft, die den sozialen und den ökologischen Faktor fördern, sind ein Weg weg von der Überproduktion.

31. Es ist erforderlich, eine Förderobergrenze pro Betrieb einzuführen. Eine Obergrenze für Rinder (etwa 40) und für alle anderen Tiere ermöglicht es auch Kleinbetrieben zu existieren. Für die Zukunft darf es keinen Bauernhof mehr geben, der nicht mindestens drei unterschiedliche Tierarten hält. Die Vielfalt hat höchste Priorität. Wer mehr Tiere von einer Spezies hält, als prämiert wird, muss finanziell belastet werden.

32. Großbetriebe ohne sozialen und ökologischen Mehrwert sind so zu verkleinern, dass mehr Menschen, Tiere und Pflanzen von der Fläche profitieren. Diese Verkleinerung ist jedoch keine Enteignung, sondern basiert im Wesentlichen auf einer technischen Abrüstung, sodass die homogenisierende Wirkung der Großmaschinen durch kleinere Strukturen gebremst wird.

33. Die Flächenbindung an Großvieheinheiten pro ha ist mit Bioland-, Naturland- und Demeter-Richtlinien zu vereinbaren. Es ist durchaus vorstellbar, auf 0,5 bis 1 Tier pro ha zu limitieren.

34. Kleine Schlachthöfe, Schlachtereien wie auch die Hausschlachtung müssen gefördert werden. Tiertransporte bis zu 50 km sind ökologiesteuerfrei. Mehr als 3 Stunden Fahrtzeit ist für Tiertransporte nicht erlaubt (Ausnahme: Sicherstellung des Rasseerhalts). Ebenso müssen kleine Molkereien wieder eine Überlebenschance erhalten. Dennoch sind überregionale Hygiene- und Gesundheitsstandards zu berücksichtigen.

35. Die Neugründungen von Bauernhöfen und der Erhalt kleiner wie kleinster und mittelgroßer Betriebe bis 20 ha muss gefördert werden. Ein kleiner Hof mit ökologischer Kreislaufbewirtschaftung trägt mehr zur ökologischen Stabilität und zu sozialem Ausgleich bei als ein großer Betrieb. Kleine Betriebe in der Summe schaffen mehr Arbeitsplätze als ein Großbetrieb, zumal dieser in der Regel auch rationeller wirtschaftet. Die Zunahme von landlosen Menschen muss gestoppt und das Land durch Anreiz zum Kauf/Verkauf oder Pacht neu verteilt werden.

36. Die Flurbereinigung (Flurneuordnung), d. h. die Flächenzusammenlegung und Rationalisierung, muss rückgängig gemacht werden – rationales Handeln führt zum Verlust von Gefühl. Wir brauchen wieder schöne Landschaften. Landschaften mit Kurven, Makeln und Hindernissen, die unsere Phantasie, unser Handeln und unsere Liebe anregen.

37. Das Anpflanzen von Hochstammobstbäumen, Laubbäumen, Sträuchern, das Ansäen von Wildkräutern draußen in der Flur, das Wachsenlassen von Ruderalpflanzen um den Hof, die Anlage von Bauerngärten muss gefördert werden.

38. Das enorme geistige, ethische und wissenschaftliche Potential unserer Gesellschaft muss genutzt werden, um das Wissen der Vergangenheit in ein Wissen für die Zukunft zu übertragen, Fehler und Fehlentwicklungen zu vermeiden und zum Wohl einer globalen Gerechtigkeit beizutragen

39. Der Handel von Rohwaren und Grundlebensmitteln darf niemals einem wirtschaftlichen und wachstumsstrategischen Gedanken unterliegen. Fluchtursachen liegen oft in der Verarmung der Bauern durch den globalisierten Handel. Aus humanitären, rationalen, aber auch aus Gründen des globalen und geopolitischen Friedens müssen Fluchtursachen durch Teilen des Wissens und des Vertrauens bekämpft werden.

40. Um ein ausgewogenes Familienleben zu gewährleisten, müssen kleinbäuerliche Strukturen reorganisiert werden. Durch die Förderung von Nebenerwerbslandwirtschaft, solidarischer Ernährung, Gemeinschaftsgärten und Teilzeitbauern bleiben die Schule, der Metzger, der Schreiner, der Schmied, der Gemischtwarenladen, das kleine Handwerk, der Kindergarten, die Menschen, das soziale Leben und die Kirche im Dorf.

41. Das Wissen und die Weisheiten, die sich die Bauern über Jahrhunderte über Nutzpflanzen und Nutztiere erarbeitet und angeeignet haben, kann nicht durch Firmen und andere Institutionen als deren geistiges Eigentumsrecht zum Patent angemeldet werden. Die Nachzuchtsouveränität liegt beim Bauern und Bürger, der Staat hat jedoch für die ernährungssichernde Qualität Sorge zu tragen und die Menschen darin zu unterstützen.

42. Förderung lokaler, nachhaltiger Weiterverarbeitung (Getreide- und Ölmühlen, Käsereien, Molkereien, Webereien ...) müssen gefördert werden, um die biologische und kulturelle Vielfalt zu erhalten, aber auch, um die wirtschaftliche und politische Demokratie zu stärken.

43. Nur der schöne Bauernhof ist ein guter Bauernhof. Die Agrarromantik wird von den Konsumenten bäuerlicher Produkte geliebt. Sie ist nicht nur schön anzusehen. Sie ist für die menschliche Seele gut. Sie ist ein Hotspot der nachhaltigen Biodiversität, ein Ort lebensfreundlicher Umwelt, ein Zentrum der Handwerkskunst, die Quelle menschlicher Kultur, ein Quell der Lebensfreude – und die Basis einer ökologisch nachhaltigen Welt.

Diese ultrainnovativen Punkte sollen einen neuen Weg aufzeigen. Einen Weg weg von der menschen-, tier-, pflanzen-, wasser-, luft-, sozial- und allgemein umweltschädlichen industriellen Agrarwirtschaft hin zu einer lebensbejahenden, ökologischen, arbeitsplatzschaffenden Landwirtschaft – zu einer neuen Landwirtschaft, einer Bauernkultur, die uns alle angeht, mitnimmt und betrifft: uns Menschen, die Tiere, die Pflanzen und die ganze funktionierende Erde.

Literaturverzeichnis

W.-D. Unterweger, U. Unterweger
Die Schönheit alter Bauerndörfer. Stürtz Verlag, Würzburg, 1995

H. Magel et. al.
Grundlagen der Dorfökologie. Bayerisches Staatsministerium für Ernährung, Landwirtschaft und Forsten, München, 1992

C. Reiher, G. Schäfer
Fenster und Türen. Verein Hohenloher Freilandmuseum e. V., Schwäbisch Hall, 1993

R. L. Schreiber
Arche Noah 2000. Pro Natur Verlag, Stuttgart, 1980, die gruppe, Frankfurt

W. Unseld
Zwischen Kanzel und Kehrwoche – Glauben und Leben im Evangelischen Württemberg, Landeskirchliches Museum Friedenskirche, Ludwigsburg, 1994

W.-D. Unterweger, U. Unterweger
Das große Buch der Bauerngärten. Stürtz Verlag, Würzburg, 1990

W.-D. Unterweger, U. Unterweger
Die letzten Bauernwiesen. Verlag Busse und Seewald, Herford, 1989

W. Walter
Fachwerke in der Schweiz. Birkhäuser Verlag, Basel, 1991

D. Wieland
Typisch Deutsch – Das saubere Dorf. Bayerischer Rundfunk, München, 1989

D. Wieland
Bauen und Bewahren auf dem Lande. Deutsches Nationalkomitee für Denkmalschutz, Bonn, 1984

E. Klapp
Wiesen und Weiden. Verlag Paul Parey, Berlin und Hamburg, 1971

H. Ellenberg
Wiesen und Weiden und ihre standörtliche Bewertung. Verlag Eugen Ulmer, Stuttgart, 1952

E. Klapp
Grünlandvegetation und Standort. Verlag Paul Parey, Berlin
Berlin und Hamburg, 1965

R. Witt
Natur in Not. Franckh'sche Verlagshandlung, Stuttgart, 1988

J. Wohlschlager
Rasen und Blumenwiese. Verlag Eugen Ulmer, 1984

U. Schwarz
Der Naturgarten. Wolfgang Krüger Verlag, Frankfurt a. Main, 1980

E. Berg
Zur unterschiedlichen Pflege von Rasen- und Wiesenflächen in Siedlungen und deren Bedeutung für den Naturschutz.
Niedersächsisches Landesvermessungsamt, Hannover.

StMLU
Lebensraum Blumenwiese. Bayerisches Staatsministerium für Landesentwicklung und Umweltfragen (StMLU), München, 1986

N. Mott
Anlage und Pflege einer Blumenwiese im Hausgarten. Landesanstalt für Ökologie, Landesentwicklung und Forstplanung NW, Recklinghausen, 1984

P. Schönfelder, J.-U. Meineke
Trockenrasen – Gefährdung und Schutz. Deutscher Naturschutzring e. V., Bundesverband für Umwelt (DNR), Bonn, 1980

G. Wolf
Die Blumenwiese. Bundesforschungsanstalt für Naturschutz und Landschaftsökologie, Bonn, 1987

C. Martin
Naturgarten. Panda – Magazin des WWF – Schweiz, Zürich, 1980

StMLU
Feuchtgebiete. Bayerisches Staatsministerium für Landesentwicklung und Umweltfragen (StMLU), München, 1987

E. Hoplitschek
Lebendig, schön und pflegeleicht – Die Gartenwiese, so wird's gemacht. Bund für Umwelt und Naturschutz (BUND), Bonn, 1984

HMfLFN
Streuobstbau. Der Hessische Minister für Landwirtschaft, Forsten und Naturschutz (HMfLFN), Wiesbaden, 1987

StMLU/Dietmann
Bayerisches Staatsministerium für Landesentwicklung und Umweltfragen (StMLU), München, 1987

F. Weller
Die landschaftspflegerische Bedeutung des Streuobstbaus. Obst und Garten, 12, 1981/509, Verlag Eugen Ulmer, Stuttgart

H. Nemec
Wiesen Paradies. Rosenheimer Verlagshaus, Rosenheim, 1987

E. M. Albertshauser
Ökonomisch-ökologische Wildblumenwiesen. Das Gartenamt 31 (1982), 33

B. Kulow
Wild auf Kräuter, natur 2/86, S. 98

J. Angermann
Ein Wirt für viele Gäste, natur 9/87, S.63

C.-P. Lieckfeld, R. Schaber
Blutmilch. Wie die Bauern ums Überleben kämpfen. Pattloch Verlag, München, 2010

J. A. Schlipf
Handbuch der Landwirtschaft. Manuscriptum Verlagsbuchhandlung Thomas Hoof KG, Waltrop und Leipzig, 2002

A. Stiglmair
Tiere und Pflanzen im alten Dorf. Verlag Oscar Mahl, Schwäbisch Hall, 1988

P. Kurz, M. Machatschek
Hecken – Geschichte und Ökologie; Anlage, Erhaltung und Nutzung. Leopold Stocker Verlag, Graz – Stuttgart, 2001

B. Iglhauser, J. Seymour
Das große Buch vom Leben auf dem Lande. Ein praktisches Handbuch für Realisten und Träumer. Otto Mair Verlag, Ravensburg, 1978

H. Angele
Bauernsprache und Bauerngeräte im Schwäbischen Oberland. Angele Verlag, Reinstetten, 2006

H. Frommer, H. Bizer
1950 – ein schwäbisches Dorf. Silberburg Verlag, Tübingen, 2005

B. Faust, C.-P. Hutter
Wunderland am Wegesrand. K. Thienemanns Verlag, Stuttgart – Wien, 1988

A. Ringler
Gefährdete Landschaft – Lebensräume auf der roten Liste. Eine Dokumentation in Bildvergleichen. BLV Verlagsgesellschaft, München – Wien – Zürich, 1987

J. Stevens
Die Hecke. S. 20, 21. Naturopa, Europarat, Straßburg, Nr. 76, 1994

M. Miersch
Marktwirtschaft und Milchverschwörung. Die Welt, Berlin, 2. 01. 2010

D. Maxeiner
Morgenthau 2.0. Die Welt, Berlin, 25. 10. 2010

U. Grober
Der ewige Wald. Die Zeit, Hamburg, 24. 07. 2008

B. Ratzinger
Markt und ausgleichende Gerechtigkeit. Auszüge aus der ersten Sozialenzyklika „Caritas in veritate“. Die Welt, Berlin, 8. 07. 2009

D. Guratzsch
Dem Fachwerk eine Gasse. Die Welt, Berlin, 9. 12. 2009

D. Guratzsch
Dürfen wir Gebäude kopieren? Die Welt, Berlin, 4. 08. 2010

D. Guratzsch
Was soll nur aus unseren Fassaden werden? Die Welt, Berlin, 21. 09. 2010

D. Guratzsch
Wer Abriss sät, wird Aufstand ernten? Die Welt, Berlin, 8. 10. 2010

M. Kries
Wollt ihr das totale Design? Die Welt, Berlin, 14. 04. 2010

D. Guratzsch
Rückkehr in die Stadtmitte. Die Welt, Berlin, 30. 10. 2010

V. Lust
„Naturgesteigerter Obstbau“ auf biologisch-dynamischer Grundlage – ein Beitrag zur Obstgesundheit, zu Umweltschutz und Stickstoff-Qualität. Lebendige Erde, Heft 1/1975, Forschungsring für biologisch-dynamische Wirtschaftsweise, Darmstadt, 1975

E. Hennig
Der Mutterboden – Sitz des Lebens – Leben aus Mutter Erde. Selbstverlag Erhard Hennig, Dreieich, Sprendlingen, 1980

G. v. Heyer
Die drei Säulen der Dauerfruchtbarkeit im naturnahen Land- und Gartenbau. Eigenverlag, Hamburg, 1979

H. H. Sambraus
Atlas der Nutztierrassen, 220 Rassen in Wort und Bild. Verlag Eugen Ulmer, Stuttgart (Hohenheim), 1986

M. Haller
Seltene Haus- und Nutztierrassen, Leopold Stocker Verlag, Graz – Stuttgart, 2000

S. Laferton
Heinzen. Schwäbisches Bauernhofmuseum Illerbeuren, Illerbeuren, 1992

S. Holzer
Der Agrar-Rebell. Leopold Stocker Verlag, Graz – Stuttgart, 2003

A. Ernst et al.
Gift – Grün, Chemie in der Landwirtschaft und die Folgen. Kiepenheuer und Witsch, Köln, 1986

D. Wieland, P. M. Bode, R. Disko
Grün kaputt, Landschaft und Gärten der Deutschen. Raben Verlag, München, 1983

J. Weigert
Das Dorf entlang. Ein Buch vom deutschen Bauerntum. Verlag Herder, Freiburg im Breisgau, 1923

Pro Specie Rara
Tschüpperli, Stiefelgans und andere Raritäten, 20 Jahre Einsatz für die Erhaltung der Rassevielfalt in der Schweiz. Pro Specie Rara, St. Gallen, 2002

Bristol Stiftung Zürich
Landwirtschaftliche Genressourcen der Alpen, Pro Specie St. Gallen, 1995

M. Wortmann
Konventionelle und biologische Landwirtschaft im Spannungsfeld von Ökonomie und Ökologie. Verlag Lebendige Erde, Darmstadt, 1977

M. Rösch, M. Heumüller
Vom Korn der früheren Jahre – Sieben Jahrtausende Ackerbau und Kulturlandschaft. Landesamt für Denkmalpflege, folio-Verlag Dr. G. Wesselkamp, Esslingen, 2008

H. A. Staub
Alternative Landwirtschaft – Der ökologische Weg aus der Sackgasse. Fischer Taschenbuch Verlag, Frankfurt, 1980

F. Weber
Die gerettete Landschaft. Wie ein Einzelner der Zerstörung Einhalt gebieten kann. Fischer Taschenbuch Verlag, Frankfurt, 1979

N. Kleinschmidt, W.-M. Eimler
Massentierhaltung, Aktuelle Fragen – sachliche Antworten, Echo Verlag, Göttingen, 1991

R. Kickuth
Die ökologische Landwirtschaft – Wissenschaftliche und praktische Erfahrungen einer zukunftsorientierten Nahrungsmittelproduktion. Verlag C. F. Müller, Karlsruhe, 1987

D. Heinrich, M. Hergt
dtv – Atlas zur Ökologie, Tafeln und Texte. Deutscher Taschenbuch Verlag, München, 1994

L. v. Herwarth
Gibt es noch Pferde in der Land- und Forstwirtschaft? Lebendige Erde, S. 121–126, Forschungsring für Biologisch Dynamische Wirtschaftsweise, Darmstadt, 4. Juli/August, 1982

F.-K. Rödelberger
Bodenlos. Das Steh-Auf-Buch von Franz-Karl Rödelberger, Novalis Verlag, CH-Schaffhausen, 1900

H. Sperber, T. Gebhard
Pflüge, Egge, Ackerwalze – Schwere Ackergeräte aus Bayern und den Ostalpen. Bezirk Oberbayern, Großweil, 1980

V. H. Pöttler
Österreichisches Freilichtmuseum. Führer durch das Österreichische Freilichtmuseum. Selbst Verlag des Österreichischen Freilichtmuseum, Stübing/Graz, 1985

K. Aigner, P. B. Steiner
Äpfel und Birnen, gesehen und gemalt von Korbinian Aigner. Edition spangenberg b. Droemer Knaur, München, 1994

K. Thiede
Alte deutsche Bauernhäuser. Karl Robert Langewiesche Nachfolger Hans Köster, Königstein im Taunus, 1963

H. Zarges
Begriffe aus dem Umweltschutz. Verband deutscher Landwirtschaftlicher Untersuchungs- und Forschungsanstalten, VDLUFA-Verlag, Darmstadt, 4. Auflage, Darmstadt, 1987

J. Flegler
Das Wollschwein, Gesellschaft zur Erhaltung alter und gefährdeter Haustierrassen (GEH), Witzenhausen, 1999

Bundessortenamt (BSA)
Beschreibende Sortenliste, 1993, Wildobstarten, Verlag Alfred Strothe, Hannover, 1993

W. Schumacher
Aus Liebe zur Natur, Naturschutz durch Freilichtmuseen.

B. Möseler
Förderverein der Stiftung zum Schutze gefährdeter Pflanzen. Selbstverlag, Bonn, 1986

J. Seymour
Wir ziehen hinaus aufs Land. Droemer Knaur Verlag, München – Zürich, 1979

N. Borrmann
Kultur-Bolschewismus oder Ewige Ordnung, Architektur und Ideologie im 20. Jahrhundert. Ares Verlag, Graz, 2009

M. Lohmann
Wir tun was für Hecken und Feldgehölze. Hrsg. G. Steinbach, Franz Schneider Verlag, München,1986

R. Witt
Heimische Sträucher. Nr. 91/1-028, Naturschutzbund Deutschland, Bonn

M. Ritter, K. Zeitler
Armut durch Globalisierung, Wohlstand durch Regionalisierung. Leopold Stocker Verlag, Graz, 2000

W. Kramer, M. Hasenpusch
Agrarromantik und Erzeugungsschlacht – Zur Landwirtschaft im 3. Reich. Landkreis Tuttlingen – Freilichtmuseum Neuhausen ob Eck, 1991

H. Falkenberg, H. Krajicek
Bäuerliches Leben auf alten Ansichtskarten. Freilichtmuseum des Bezirks Oberbayern an der Glentleiten, Großweil bei Murnau, 1981

H. Mohr et. al.
Was ist das: die Natur? Über einen schwierigen Begriff. Hrsg. W. Böhme. Herrenalber Texte 77, Verlagsdruckerei Gebr. Tron, Karlsruhe, 1987

K. Häfner
Vom schwäbischen Dorf um die Jahrhundertwende – Arbeits- und Lebensformen. Verlag K. Knödler, 1981

L. Wiethaler
Lust und Plage der alten Bauernarbeit. Herausgeber und Vertrieb: Ludwig Wiethaler, Mirskofen, 1983

M. Gruber
Mit Stieren ackern. Eine Bauerntochter erzählt. Neue Presse Verlags Gmbh, Passau,1990

A. Bichler
Heimatbilder. Erinnerungen an das alte Dorfleben – Mit Bildern von Enka Groth-Schmachtenberger. Ludwig Verlag, Pfaffenhofen, 1987

J. F. Klein, H. Schönnamsgruber, L. Schmidt
Aus Liebe zur Natur. Hrsg. Von der Stiftung zum Schutze gefährdeter Pflanzen, Bonn, 1980

H. Schmidt
Die Wiese als Ökosystem. Aulis Verlag Deubner u. Co KG, Köln, 1988

H. Zarges
Umweltaspekte der Tierproduktion. Herausgeber: Verband Deutscher Landwirtschaftlicher Untersuchungs- und Forschungsanstalten, Darmstadt, 1991

G. Schaal
Das Obstbuch. Praktisches Handbuch für den Obstzüchter, Gartenliebhaber und Baumwart. Verlag Eugen Ulmer, Stuttgart, 1921

F. Weller
Streuobstwiesen. Herausgeber: Stiftung Landesbank W. Walz Baden-Württemberg Natur und Umwelt, Stuttgart, 2005

R. Schlegel, L. Wörlein
Autochthone Gehölzer für Bayern – Bedeutung, Anzucht, Kontrolle, Beschaffung und Verwendung. Herausgeber: (Erzeugergemeinschaft für autochthone Baumschulerzeugnisse) eab Bayern c/o Baumschule Wörlein Gmbh, Dießen am Ammersee, 2007

R. Wieland, W. Sasse
Hohenloher Freiland Museum, Beschriftung des lebenden Inventars. Herausgeber: Verein Hohenloher Freilandmuseum e. V., Schwäbisch Hall, 1990

H. Heidrich
Mägde – Knechte – Landarbeiter, Arbeitskräfte in der Landwirtschaft in Süddeutschland, Verlag Fränkisches Freilandmuseum, Bad Windsheim, 1997

M. Scharfe
Heitere Gefühle bei der Ankunft auf dem Lande. Verlag: Tübinger Vereinigung für Volkskunde e. V., Schloß, Tübingen, 1983

H.-J. Schuster
Die Seele der Landwirtschaft – Zur Geschichte der Viehwirtschaft seit dem Mittelalter. Freilichtmuseum Neuhausen ob Eck, 1990

H. Schmid
Die Zeche zahlt der Bauer. DLG-Verlag, Frankfurt, 1988

W. Rothmaler
Exkursionsflora von Deutschland. Band 3. Gefäßpflanzen: Atlasband. Spektrum Akademischer Verlag, Heidelberg, 2009

H. Fitter, A. Fitter, M. Blamey
Pareys Blumenbuch. Wildblühende Pflanzen Deutschlands und Nordwesteuropas. Verlag Paul Parey, Hamburg und Berlin, 1986

D. Aichele
Was blüht denn da? Wildwachsende Blütenpflanzen Mitteleuropas. Der Fotoband. Verlag Franckh-Kosmos, Stuttgart, 1991

D. Aichele
Was blüht denn da? Wildwachsende Blütenpflanzen Mitteleuropas. Franckh'sche Verlagshandlung, W. Keller u. Co., Stuttgart, 1986

K. Buchmüller
Das Bauernhaus in Oberschwaben. Wolfegger Reihe im W. B. Literatur Vertrieb, Stuttgart, 1982

W. Schulz et al.
Rundlinge im Hannoverschen Wendland. Herausgegeben vom Verein zur Erhaltung von Rundlingen im Hannoverschen Wendland e. V., Lüchow, 1997

G. Haerkötter
Heilkräuter gestern und heute. Was Heilkräuter wirklich leisten können. Fischer alternativ. Fischer Taschenbuch Verlag. Frankfurt am Main, 1983

F. Stary, H. Storchova
Heilpflanzen für ihre Gesundheit. Verlag Werner Dausien, Hanau, 1991

L. Thurzova et al.
Lexikon der Heilpflanzen. Mit 112 Farbtafen, Lingen Verlag, Köln, 1976

M. Frommer
Vom Leben auf dem Lande. Isingen 1910. Konrad Theiss Verlag, Stuttgart, 1983

B. Mösle, C. Räder et al.
Die Kuh und ihre Hörner, Erfahrungen und Untersuchungen. Hrsg. Bio-Ring Allgäu e. V.: Arbeitskreis Hörner tragende Kühe, Kempten, 2001

G. Steinbach et al.
Die Kuh braucht ihre Hörner! Heft 2. Weiterführende Untersuchungen. Herausgeber: Kulturgemeinschaft zur Förderung/Pflege des Biologisch-Dynamischen Landbaus e. V., Maierhöfen, 2008

C. Ehrenstein
Mehr Klasse, weniger Masse. Die Welt, S. 21, Berlin, 15. 02. 2011

C. Ehrenstein
Nie mehr Hühnerkäfige und Brandzeichen bei Pferden. Die Welt, Berlin, S. 7, 7. 02. 2011

W. W. Merkel
Abschied vom Pflug. Die Welt, Berlin, S. 18, 6. 01. 2011

P. Heinemann
Regenwurm bannt Fluten. Die Welt, Berlin, S. 22, 17. 01. 2011

C. Gammelin, D. Kuhr
Neue gemeinsame Agrarpolitik – Europas Landwirtschaft soll grüner werden. Süddeutsche Zeitung, München, Nr. 267, S. 17, 2010

C. Dierig
Bauern brauchen Zweitjobs. Die Welt, Berlin, 28. 01. 2011

B .v. Lehn
Von wegen Schlachtfest. Die Welt, Berlin, 20. 01. 2011

A.Dowideit
Für Tank und Teller. Die Welt, Berlin, S. 10, 22. 01. 2011

DW
Grüne Woche im Zeichen des Gifts. Die Welt, S. 11, 21. 01. 2011

C. Lutz
Glückliche Kühe glotzen dich an. Die Welt, Berlin, 18. 01. 2011

B. Fuest
Die Schatten des Bio-Landbaus. Die Welt, Berlin, S. 13, 29. 01. 2011

J. Schlüter
Welcher Landwirt nützt der Umwelt? Die Welt, S. 23, 14. 09. 2010

H. Küster
Kulturgut Landschaft. Die Welt, Berlin, S. 7, 21. 01. 2010

T. A. Friedrich
Biokraftstoffe vernichten Europas Böden. Die Welt, S. 23, 28. 09. 2010

J. Zittau
Im Himmel wohnen die Schweine. Die Welt, Berlin, SW 2, 23. 10. 2010

A. Dowideit
Ausgeschlachtet. Die Welt, Berlin, S. 14, 08. 01. 2011

D. R. Montgomery, A. Rühl
Degradierter Dreck. Der Geologe D. R. Montgomery über die Ausbeutung des Bodens und die Erosion der Kulturen. Süddeutsche Zeitung, München, 2010

C. Ehrenstein
Die Kleinen werden gemolken. Die Welt, Berlin, S. 3, 04. 06. 2008

D. Guratzsch
Die Zukunft liegt in der Mitte. Die Welt, Berlin, 24. 11. 2010

G. Kielmann
Katzendasein. Stürtz Verlag, Würzburg, 1988

Y. Arthus Bertrand, A. Ravenau
Viechereien. Müller Rüschlikon Verlag, CH-Cham/Zug, 1994

R. Dowling, L. Alderson, R. A. Caras
Rasse statt Masse – Ein Plädoyer für den Schutz der alten Nutztierrassen. Gerstenberg Verlag, Hildesheim, 1994

K. Alvermann
Pferdestärken – Kraft und Anmut schwerer Pferde. Franckh-Kosmos Verlag, Stuttgart, 1990

M. Imsand, B. Galland
Luigi der Schäfer. Stürtz Verlag, Würzburg, 1991.

H. H. Sambraus
Gefährdete Nutztierrassen. Ihre Zuchtgeschichte, Nutzung und Bewahrung. Verlag Eugen Ulmer, Stuttgart (Hohenheim), 1994

F. Delitz
Umgebinde im Überblick. Graphische Werkstätten Zittau, 1987

E. Kulke
Siedlungsstrukturen in Niedersachsen. Wendlanddörfer – heute und gestern. Verein zur Erhaltung von Rundlingen im Hannoverschen Wendland e. V., Lüchow, 1987

K. Korab, A. Corti
Ein Dorf. Poetische Dokumentation einer aussterbenden Lebensform. Molden Edition, Wien – München – Zürich, 1980

K. Bernert
Umgebindehäuser. VEB Verlag für Bauwesen, Berlin, 1988

H. Klos, G. Seitz et al.
Steh fest mein Haus im Weltgebraus – Denkmalpflege – Konzeption und Umsetzung. Das historische Fenster, S. 200–217. Landesdenkmalamt Baden-Württemberg, Stadt Aalen, 1998

K. Vonholdt
Entwicklungsstufen des niederdeutschen Hallenhauses. Heimatbund Niedersachsen e. V., Selbstverlag Heimatland Georgswall, 1981

E. Kulke
Heinrich Tessenow durchwandert das Hannoversche Wendland. Herausgeber und Verfasser: Prof. em. Dr. Ing. E. Kulke, TU Braunschweig und 3131 Bussau, 1978

H. Gebhard,
Bauernhäuser in Bayern. Schwaben. Heinrich Hugendubel H. Frei Verlag, Kreuzlingen, München, 1999

W.-D. Unterweger, U. Unterweger
Schönes altes Bauernland. Stürtz Verlag, Würzburg, 1983

W.-D. Unterweger, U. Unterweger
Die Bauerngärtnerin. Erfahrungen – Weisheiten – Ratschläge. Rosenheimer Verlagshaus, Rosenheim, 2006

W.-D. Unterweger, U. Unterweger
Es ist gut, dass es uns noch gibt …, Stürtz Verlag, Würzburg, 1985

W.-D. Unterweger, U. Unterweger
Glückliche Hühner – Eine Liebeserklärung an das Federvieh. Sonderausgabe für Flechsig Buchvertrieb, Verlagshaus Würzburg, 2004

W.-D. Unterweger, U. Unterweger
Das Hühnerbuch – Praxisanleitungen zur Haltung glücklicher Hühner, Leopold Stocker Verlag, Graz – Stuttgart, 2008

H. Gebhard, K. Bedal
Bauernhäuser in Bayern. Mittelfranken. Heinrich Hugendubel Verlag, München, 1994

K. Bedal
Historische Hausforschung. Eine Einführung in Arbeitsweise, Begriffe und Literatur. Fränkisches Freilandmuseum, Bad Windsheim, 1993

H. J. Budeit, H. von Kuenheim
Backstein. Die schönsten Ziegelbauten zwischen Elbe und Oder. C. J. Bucher Verlag, Econ List Verlag, München, 2001

W. Ligges, K. Viedebannt
Inseln und Halligen – Nordfriesland Du Mont Buchverlag, 1985

H. Gebhard, P. Unterkirchner
Bauernhäuser in Bayern. Oberpfalz. Heinrich Hugendubel Verlag, München, 1995

W. Fiedler
Das Fachwerkhaus in Deutschland, Frankreich und England. Reprint Verlag, Leipzig, 1998

M. Gerner
Fachwerk, Entwicklung, Gefüge, Instandsetzung. (DVA) Deutsche Verlagsanstalt, Stuttgart, 1994

G. U. Großmann
Der Fachwerkbau. Das historische Fachwerkhaus, seine Entstehung, Farbgebung, Nutzung und Restaurierung. DuMont Verlag, Köln, 1986

M. Gerner
Farbiges Fachwerk, Ausfachung, Putz, Wärmedämmung, Farbgestaltung, (DVA) Deutsche Verlagsanstalt, Stuttgart, 1993

M. Gerner
Handwerkliche Holzverbindungen der Zimmerer. (DVA) Deutsche Verlagsanstalt, Stuttgart, 1992

Dr. Peez
Über einige Formen des mitteldeutschen Bauernhauses. Illustrierte Deutsche Monatshefte, 5, 1858/5968-76

W. Petz
Das Bauernhaus im Allgäu. Heimat Allgäu, 1. Quartal, 1993, 8. Jg., Kempten

W. Sänger
Die bäuerliche Kulturlandschaft der Hohenloher Ebene und ihre Entwicklung seit dem 16. Jahrhundert. Selbstverlag der Bundesanstalt für Landeskunde, Remagen/Rhein, 1957

J. H. W. Kraft
Was wir machen? Instandsetzen und Erhalten alter Bausubstanz, Interessengemeinschaft Bauernhaus e. V. (IGB), Kirchseelte, 1992

A. Zippelius
Freilandmuseum in Deutschland, HB Verlags- und Vertriebsgesellschaft mbH, Hamburg, 1982

Interessengemeinschaft
Unsere alten Bauernhäuser – Spurenlese am Bauholz, Bauernhaus e. V. Lilienthal (IGB)

S. u. W. Jacobeit
Illustrierte Alltagsgeschichte des deutschen Volkes, 1550–1800, Pahl-Rugenstein Verlag, Köln, 1986

Bomann
Bäuerliches Hauswesen und Tagewerk im alten Niedersachsen. 4. Auflage, Volksausgabe, Weimar, 1941

W. Hürdt
Der Bauer im Wandel der Zeit. Bouvier Verlag Herbert Grundmann, S. 207, Bonn, 1986

K. Springenschmid
Die Bauernwelt. Grundlage bäuerlichen Wesens. Ernst Wunderlich Verlagsbuchhandlung, Worms

M. Flad
Hirten und Herden – Ein Beitrag zur Geschichte der Tierhaltung in Oberschwaben, Federsee Verlag, Bad Buchau, 1987

G. Bolbecher
Da waren's nur noch vier. Bioland 3/12

R. Bühler
Das Schwäbisch-Hällische Schwein. Bioland 3/12

A. Dürr
Das original Schwäbisch-Hällische Schwein. Bioland 3/13

H. Hansen
Rotbunte Schweine auf dem Stienkenshof. Bioland 3/14

G. Gronbach
Das Schwäbisch-Hällische Schwein, einst und jetzt. Schwäbische Heimat, Nr. 2, S. 167–169, 1956

H. H. Sambraus, E. Boehnke
Ökologische Tierhaltung – Theoretische und praktische Grundlagen für die biologische Landwirtschaft. Verlag C. F. Müller, Karlsruhe

W.-D. Unterweger, U. Unterweger
Wildschöner Naturgarten. Stürtz Verlag, Würzburg, 1987

G. Mangold
Bergbauern in Südtirol. Hoffnung und Widerspruch. S. Marseiler Verlagsanstalt Athesia, Bozen, 1994

T. Gebhard
Kachelöfen. Mittelpunkt häuslichen Lebens. Entwicklung – Form – Technik, Verlag Callwey, München, 1980

M. Baur-Heinhold
Alte Bauernstuben. Dönsen, Küchen, Kammern – Von den Alpen bis zur See. Verlag Callwey, München, 1979

P. Werner
Der Bergbauernhof. Bauten – Lebensbedingungen – Landschaft. Verlag Callwey, München, 1979

H. Haid
Vom alten Leben. Rosenheimer Verlagshaus, Rosenheim, 1986

T. Gebhard
Freilichtmuseum Bayerischer Wald in Finsterau. Zur Geschichte des Bauernhauses im Bayerischen, S. 19–27. Herausgegeben vom Zweckverband Niederbayerisches Freilichtmuseum Massing im Rottal und Finsterau im Bayerischen Wald, 1980

W. Sasse
Ein sprechendes Architekturdenkmal. Verein Hohenloher Freilandmuseum e. V., Kleine Schriften Nr. 4, Schwäbisch Hall, 1991

M. Neugebauer
Oberpfälzer Freilandmuseum Neusath-Perschen. Baugeschichte und Gebäudeversetzung. Ein Führer zur Museumsarbeit. Verlag Schnell u. Steiner, München, Zürich, 1988

K. Bedal
Oberfränkisches Bauernhofmuseum Kleinlosnitz

B. Bopp
Museumsführer. Zweckverband Oberfränkisches Bauernhofmuseum Kleinlosnitz

W. Kramer et al.
Freilichtmuseum Neuhausen ob Eck, Hrsg. Landkreis Tuttlingen, 1988

C. Borcherdt et al.
Die Landwirtschaft in Baden und Württemberg 1850–1980, Verlag W. Kohlhammer, Stuttgart, 1985

W. Milan
Ländliche Holzbaukunst – Alte Vorbilder für Balkone, Türen, Zäune …, Leopold Stocker Verlag, Graz – Stuttgart, 2001

A. Schreck
Glücklich angekommen: Der Wiederaufbau des Hauses Andrinet im Bauernhaus Museum steht kurz vor dem Abschluss. Wolfegger Blätter, Wolfegg, 01/2005

R. Bauer,
Bäuerliche Lebensformen sterben mit den alten Leuten. H. G. Haasis ed. co. edition cordiliers, Stuttgart, 1982

J. Elfinger P. Leuschner et al.
Das Altmühl-Jura-Haus, Verein zur Förderung und Pflege von Altmühl-Jurabauten, Eichstätt

H. Ullmann
Das Kalkplattendach im Altmühlgebiet, Bayerischer Heimatschutz, XVII. Jahrgang, Nr. 11–12, München, 1919

K. Bedal
Häuser und Landschaft – Bilder und Eindrücke aus dem Freilandmuseum in Bad Windsheim, Fränkisches Freilandmuseum des Bezirks Mittelfranken, Hercynia Verlag, Ansbach 1992

W.-D. Unterweger, U. Unterweger
Eheglück – Weisheiten für ein gemeinsames Leben, Pattloch Verlag, München, 2003

H. Dettmer
Kultur und Tradition, Sparkassen Report, Ravensburg, Ausgabe 1, 1988

Y. Arthus-Bertrand et al.
Die Erde von oben, GEO im Verlag Gruner u. Jahr, Hamburg, 2005

B. Baur et al.
Ökologischer Ausgleich und Biodiversität, Medical, 124 Seiten, 1997; Google, S. 86–90, Typ 14: Unbefestigte, natürliche Wege

G. Korkisch
Dorf und Flurwege, History, 278 S., 1982 Schönhengster Volkskunde – Google, S. 142, books. Google. De./.books? isbn = 3486511513

M. Payer, A. Payer
Entwicklungsländerstudien, hrsg. von M. Payer Teil 1: Grundgegebenheiten/Kapitel 8: Tierische Produktion, z. Ziegen und Schafe, 1. Ziegen/ zusammengestellt von A. Paye, Fassung von 02. 08. 2001, URL.: http://www.payer.de/entwicklung/entw.0821htm… (Stichwort)

J. H. W. Kraft
Der Holznagel, Mitteilungsblatt der Interessensgemeinschaft Bauernhaus, 21, Heft 6, S. 30, Nov./ Dez. 1995

E. Fuhr
Vergangenheit, die nicht vergehen will! Das grüne Band der Fantasie: Unser Begriff von Landwirtschaft ist immer noch durch das 19. Jahrhundert geprägt. Die Welt, Berlin, S. 25, 3. 02. 2011

D. Guratzsch
Städte in Scherben. Die Welt, S. 23, 16. 03. 2010

E. Fuhr
Lob der Fleischeslust. Die Welt, Berlin, S. 23, 22. 12. 2009

T. Strobl
Wachstum? Wachstum! Die Welt, Berlin, 22. 11. 2010

www.schutzaecker.de/?bluehstreifen. 100 Äcker für die Vielfalt. Ansaat Blühstreifen- und Buntbrachen – (k)eine Lösung zum Schutz von Ackerwildkräutern.

S. Thierfelder, W. Thierfelder
Die Hohe Rhön – Bilder einer Landschaft, Stürtz Verlag, Würzburg, 1990

J. A. Lutzenberger
Die selbstmörderische Sinnlosigkeit der modernen Landwirtschaft, Wortraum Edition, Huy-Neinstedt und München, 2002

H. Graßl
Brisante Mischung – Böden und globaler Wandel. In: Kümmerer, K./Schneider, M./ Held. M. (Hrsg.): Bodenlos – Zum nachhaltigen Umgang mit Böden. Politische Ökologie 15, Sonderheft 10, München: ökom. S. 12–16, 1997

R. Stork
Artenvielfalt entschleunigt den Bauern http://www.spektrum.de/news/landwirtschaft-und-artenschutz-schliessen-sich-nicht-aus/1479649, Spektrum der Wissenschaft, 11. 07. 2017/02. 08. 2017

E. Fuhr
Rückkehr der Wölfe. Wie ein Heimkehrer unser Leben verändert. Wilhelm Goldmann Verlag, München, Mai 2016

Papst Franziskus
Enzyklika Laudato si'. Über die Sorge für das gemeinsame Haus. Die Umwelt-Enzyklika mit Einführung und Themenschlüssel. Verlag Katholisches Bibelwerk GmbH, Stuttgart, 2015. Für den Text der Enzyklika: © Libreria Editrice Vaticana, 2015

B. K. Kremer
Kulturlandschaften Lesen. Vielfältige Lebensräume Erkennen und Verstehen. Verlag Haupt, Bern, 2015

J. H. Reichholf
Der Ursprung der Schönheit. Darwins größtes Dilemma. DTV-Deutscher Taschenbuchverlag (dtv), München, 2013. Verlag C. H. Beck, München, 2011

W. Lampert
Unberührte Schönheit. Reisen zu den ursprünglichen Kühen der Welt. Servus bei Benevento Publishing. Red Bull Media House GmbH, Wals bei Salzburg, Österreich, 2015

P. Poschlod
Geschichte der Kulturlandschaft. Entstehungsursachen und Steuerungsfaktoren der Entwicklung der Kulturlandschaft, Lebensraum- und Artenvielfalt in Mitteleuropa. Verlag Eugen Ulmer, Stuttgart (Hohenheim), 2015

M. Brater, C. Hemmer-Schanze, A. Maurus, C. Munz
Wird Arbeit Kunst … kann die Natur leben. Umweltschutz durch ein neues Verständnis von Arbeit und Beruf. Edition Tertium, Ostfildern, 1996

T. Grosswiele
Langsamer. Kleiner. Gut. Mit natürlicher Pferdekraft aus der Fortschrittsfalle in der Landwirtschaft. Therese Grosswiele Verlag, Egling a. d. Paar, 2013

M. Brater, S. Freygarten, E. Rahmann, M. Rainer
Kunst als Handeln – Handeln als Kunst. Was die Arbeitswelt und Berufsbildung von Künstlern lernen könnten. W. Bertelsmann Verlag, Bielefeld, 2011

M. Rice
Village Buildings of Britain. Foreword by HRH The Prince of Wales, © 1991 by Matthew Rice, 1991 hardback by Little, Brown and Company (UK). This edition by Time Warner Books UK, 2003

A. Masson
Handbuch Rinderanspannung. Praktischer Ratgeber zu Verhalten, Ausbildung, Beschirrung und Anspannung von Zugrindern. Starke Pferde-Verlag, Erhard Schroll, Lemgo, 2015

E. Pröll, E. Scheiber, F. Stockreiter, S. Kreppl
Das rumänische Dorf, Europäische ARGE Landentwicklung und Dorferneuerung, A-1010 Wien, 1994

U. Raulff
Das Ende des Pferdezeitalters – Bericht von einer Energiewende, Schwäbische Gesellschaft, Schriftenreihe 70, Herausgeber: Dr. T. Schnabel, 70040 Stuttgart, 2013

F. Weller
Ökologie als Thema im Freilichtmuseum. Wolfegger Blätter, Bauernhausmuseum Wolfegg, Ausgabe 01, 2004

J. Grossarth
Landwirtschaft muss schön sein. Umwelt, Tierschutz, Klima, Ethik. Debatten über Landwirtschaft sind anstrengend. Wie wäre es, beim Einfachsten anzufangen – der Liebe zur schönen Natur. Frankfurter Allgemeine Sonntagszeitung, Nr. 8, S. 28, 28. 02. 2016

C. Erz
Rossnatur – Mit Pferd und Wagen. Weil der Hufschlag den Herzschlag verändert. Laichingen, Schwäbische Alb

E. Fuhr
Wonach die Satten hungern. Die Welt, Berlin, 18. 01. 2016

E. Fuhr
Du musst dein Essen ändern. Industriehuhn trifft Tofu: Jan Grossarth diskutiert die Zukunft der Agrarindustrie. Die Welt, Berlin, 05. 03. 2016

R. Haubrich
Das ist unser Haus. Dem jungen Architekten Sebastian Treese ist in Berlin ein Meisterstück traditionellen Bauens geglückt. Die Welt, Berlin, S. 21, 25. 11. 2016

D. Guratzsch
Kann den Kopie Sünde sein?
Zeitpfeil rückwärts: Eine Berliner Tagung beschwört die identitätsstiftende Kraft von Gebäude-Rekonstruktionen. Die Welt, Berlin, 22. 11. 2011

W.-D. Unterweger
Die Bauern, Leopold Stocker Verlag, Graz – Stuttgart, 2014

A. Gebhart
Wolf-Dietmar Unterwegers „Die Bauern" – Fotografie als Argumentation für eine Zukunft der bäuerlichen Landwirtschaft, Universität Kassel, 2016 (Projektarbeit, Betreuer Prof. Dr. W. Troßbach), http://www.hedgelaying.org.uk

Orts- und Zeitregister

Titel	Laichingen, 04.1984
Seite 2	Weinern b. Raabs, Waldviertel, 08.1985
Seite 4/5	Einbachtal/Hausach, 08.1984
Seite 6/7	Attersee, 05.1987
Seite 17	Unteropfingen, 03.2002
Seite 18 oben	Schapach b. Bad Rippoldsau, 10.1983
Seite 18 unten	Tussenhausen, 10.1983
Seite 19	Kirchen, 04.1981
Seite 20/21	Einbachtal/Hausach, 08.1984
Seite 22	Ravensburg, Pelzmühle, 07.1987
Seite 23	Immenried, 03.1984
Seite 24/25	Siebenlinden, Waldviertel, 06.1997
Seite 26 links	Wittau b. Crailsheim, 08.1983
Seite 26 rechts	b. Dinkelsbühl, 08.1983
Seite 27 links	Aalfang, Heidenreichstein/ Waldviertel, 08.1985
Seite 27 rechts	Rutesheim, 04.1986
Seite 28	Mondsiel, 07.1997
Seite 29	Mondsiel, 07.1997
Seite 30	Häusern, 02.1983
Seite 31	Wirrenweiler b. Ellwangen/ Ochsenhausen, 05.1988
Seite 36/37	Immenried/Kißlegg, 03.1984
Seite 38 oben	Wain, 04.1986
Seite 38 Mitte	Englisweiler/Ochsenhausen, 03.1983
Seite 38 unten	Meinheim/Altmühltal, 03.1988
Seite 39 oben	Gonna/Unterer Harz, 08.1999
Seite 39 Mitte	Platenlaase/Wendland, 03.1998
Seite 39 unten	Grindelwald/Schweiz, 09.1996
Seite 40	Nationalpark Zentralbalkan, Bulgarien, 05.2015
Seite 41 oben	Osadné, Slowakei, 05.2016
Seite 41 unten	Osadné, Slowakei, 05.2016
Seite 42 oben	Immenried/Kißlegg, 04.1984
Seite 42 Mitte	Oberschwarzach/Bad Wurzach, 02.2004
Seite 42 unten	Kadeltshofen/Neu-Ulm, 01.1985
Seite 43 oben	Madzharovo, Nähe griechisch-türkischer Grenze, Bulgarien, 05.2015
Seite 43 Mitte	Orsenhausen, 02.1983
Seite 43 unten	Niedercunnersdorf/Ob.-Lausitz, 06.1999
Seite 44 oben	Goldberg/Mecklenburg, 09.1992
Seite 44 unten	Landeck/Tirol, 09.1990
Seite 45	Weberhaus, Wain, 05.1983

Seite 48	bei Rudine, Montenegro, 05.2015
Seite 49 oben	Brivezac, Frankreich, 07.2017
Seite 49 unten	Brivezac, Frankreich, 07.2017
Seite 50/51	Eichenau b. Kirchberg/Jagst, 11.1995
Seite 51 oben	Stoffenried, 09.1984
Seite 51 unten	Osadné, Slovakei, 05.2016
Seite 52	Gutenzell, 10.1990
Seite 52 Mitte	Sarród, Ungarn, 05.2016
Seite 52 unten	Reischenhof/Wain, 07.1988
Seite 53	südlich von Madzharovo, Nähe griechisch-türkischer Grenze, Bulgarien, 05.2015
Seite 54/55	St. Märgen, Schwarzwald, 05.1984
Seite 56 oben	Tauberscheckenbach, 08.1999
Seite 56 Mitte	Hart b. Memmingen, 09.1983
Seite 56 unten	Neuweiler/Calw, 06.1986
Seite 57 oben	Weißenbach a. d. Triesting, St. Pölten, 08.1987
Seite 57 Mitte	Marchmatt b. Reigoldswil/ Baselbiet, Schweiz, 07.1990
Seite 57 unten	Arabba b. Cortina/Dolomiten, Südtirol, 09.1990
Seite 58/59	Dietenheim, Südtirol, 09.1990
Seite 64/65	Hortobágy, Ungarn, 05.2016
Seite 66	Hortobágy, Ungarn, 05.2016
Seite 67 oben	Illerbeuren, 06.2007
Seite 67 Mitte	Wain, 02.2008
Seite 67 unten	Wain, 04.1999
Seite 68	Wain, 07.1999
Seite 68/69	Wain, 08.1998
Seite 70 oben links	Bad Wurzach, Alpaka-Hof, 07.1998
Seite 70 unten links	Bad Wurzach, Alpaka-Hof, 07.1998
Seite 70 oben rechts	Wolfegg, 07.2002
Seite 70 unten rechts	Kirchberg, Iller, 12.1992
Seite 71	Stoffenried, 07.1985
Seite 72	Osterberg, 08.2006
Seite 73 oben	Detwang/Rothenburg o. T., 09.1999
Seite 73 Mitte	Zell b. Rot a. d. Rot, 06.1998
Seite 73 unten	Osterberg, 08.2006
Seite 78/79	Niedernzell, 11.1987
Seite 80	Région Descausses, Frankreich, 07.2017
Seite 81 oben	Hohenröhren, 06.1982
Seite 81 Mitte	Günzburg, 08.1988
Seite 81 unten	Unterbalzheim, 05.1984
Seite 82	Hohenröhren, 06.1982
Seite 83	Hohenröhren, 06.1982
Seite 84/85	Unteropfingen, 03.2002

Seite 88	zw. Borkow u. Neuhof b. Goldberg, Klöden/Mecklenburg, 09.1992
Seite 89 oben	Gut Kamp, Schleswig-Holstein, 09.1992
Seite 89 Mitte	Schloss Linderhof, 08.1991
Seite 89 unten	Vaire-Arcier/am Doubs, Frankreich, 09.1994
Seite 90	Bellême, Perche, Frankreich, 09.1997
Seite 91	Nogent le Retrou, Perche, Frankreich, 09.1997
Seite 92/93	Gut Kamp, Schleswig-Holstein, 09.1992
Seite 94	Ignazhäusle Hof, St. Märgen, 04.1984
Seite 95 links	Laupheim, 10.1986
Seite 95 rechts	Laupheim, 10.1986
Seite 98/99	Rupertshofen, 05.2000
Seite 100/101	Kiel, 09.1992
Seite 102 oben	Warder, 07.2006
Seite 102 unten	Ungersheim/Elsaß/Frankreich, 04.1994
Seite 103 oben	Babe b. Havelberg, 06.1996
Seite 103 unten	Warder, 06.1998
Seite 104	Warder, 07.2003
Seite 105	Warder, 07.2003
Seite 108	Höll b. Wolfegg, 05.1987
Seite 109	Erolzheim, 12.1982
Seite 110 oben links	Überlingen, 09.2000
Seite 110 unten links	Oberjoch, 07.1991
Seite 110 oben rechts	Wiblingen, 04 1981
Seite 110 unten rechts	Britzingen, 03.1993
Seite 111	bei Murino, Montenegro, 04.2017
Seite 112/113	Erolzheim, 12.1982
Seite 114/115	Ravensburg, Pelzmühle, 07.1987
Seite 116	Schloss Hohenlandin, 09.2016
Seite 117	Mondsiel, Waldviertel, 07.1997
Seite 118	Ungersheim, Frankreich, 04.1994
Seite 119	Aitrach, 09.1988
Seite 120 oben links	Ungersheim, Frankreich, 04.1997
Seite 120 unten links	Ungersheim, Frankreich, 04.1992
Seite 120 oben rechts	Eichberg, 11.1978
Seite 120 unten rechts	Ungersheim, Frankreich, 04.1992
Seite 121 oben links	Wirrenweiler, Ellwangen, 09.1986
Seite 121 unten links	Aitrach, 09.1988
Seite 121 oben rechts	Ungersheim, Frankreich, 04.1994
Seite 121 unten rechts	Wallis, Schweiz, 04.1996
Seite 126	Ignazhäusle Hof, St. Märgen, 06.1984
Seite 127	Laichingen, 04.1984
Seite 128 oben	Walldorf-Häslach, 05.1986

Seite 128 Mitte	Rutesheim, Leonberg, 05.1986
Seite 128 unten	Oberweiler b. Wildberg, 04.1984
Seite 129 oben	Dettingen/Erms, 04.1986
Seite 129 Mitte	Rutesheim, Leonberg, 05.1986
Seite 129 unten	Rutesheim, Leonberg, 05.1986
Seite 130/131	Rutesheim, Leonberg, 05.1986
Seite 132 oben	Sulzbach/Gutach, 04.1984
Seite 132 unten	Sulzbach/Gutach, 04.1984
Seite 133	Markdorf, 05.1986
Seite 134 oben	Ignazhäuslehof, St. Märgen, 07.1984
Seite 134 Mitte	Einbachtal/Hausach, 07.1984
Seite 134 unten	Einbachtal/Hausach, 07.1984
Seite 135 oben	Oberkollwangen, 06.1986
Seite 135 Mitte	Oberbalzheim, 05.1983
Seite 135 unten	Ignazhäuslehof, St. Märgen, 06.1983
Seite 136	Laichingen, 09.1983
Seite 137	Unterpleichfeld, Würzburg, 10.1984
Seite 138/139	Oberweiler bei Wildberg, 09.1983
Seite 140 oben	Oberweiler bei Wildberg, 10.1983
Seite 140 Mitte	Lauf bei Bühl, 10.1983
Seite 140 unten	Sulzbach/Gutach, 10.1983
Seite 141	Lichtenstein-Honau/Alb, 09.1983
Seite 145	Dettingen/Erms, 04.2007
Seite 147	Gojakovići,Montenegro, 04.2017
Seite 148	Einbachtal/Hausach, 07.1984
Seite 149 oben	bei Divjaka, Albanien, 05.2015
Seite 149 Mitte	Mariza, Bulgarien, 05.2015
Seite 149 unten	Mariza, Buglarien, 05.2015
Seite 150/151	zw. Pomarance und Volterra, Italien, 07.1089
Seite 152 oben	Münsingen/Alb, 07.1985
Seite 152 unten	Bettingen, Main, 06.1990
Seite 153 oben	Königshofen, 06.1990
Seite 153 unten	Münsingen/Alb, 07.1984
Seite 154/155	Einbachtal/Hausach, 08.1984
Seite 156	Einbachtal/Hausach, 08.1984
Seite 156/157	Einbachtal/Hausach, 08.1984
Seite 158	Einbachtal/Hausach, 08.1984
Seite 158/159	Einbachtal/Hausach, 08.1984
Seite 160	Einbachtal/Hausach, 08.1984
Seite 161	Einbachtal/Hausach, 08.1984
Seite 162 oben links	Neusath-Perschen, 08.1986
Seite 162 unten links	Kompolje/Otočac, Kroatien, 08.1987
Seite 162 oben rechts	Einbachtal/Hausach, 08.1984
Seite 162 unten rechts	Kompolje/Otočac, Kroatien, 08.1987
Seite 163	Einbachtal/Hausach, 08.1984
Seite 166 oben	Lelkendorf, 09.2016
Seite 166 unten	Brivezac, Frankreich, 07.2017
Seite 166/167	Brodowin, 09.2016
Seite 168	Unterbalzheim, 10.1984

Seite 169	Unterbalzheim, 11.1984
Seite 172/173	bei Dobritsch, Bulgarien, 05.2015
Seite 174 oben links	Warth, 07.1985
Seite 174 unten links	Hausen i. T./Donau, 06.1989
Seite 174 oben rechts	Jungnau, 06.1989
Seite 174 unten rechts	Warth, 07.1985
Seite 175 oben links	Randling b. Kienberg, 06.1987
Seite 175 unten links	Achstetten, 06.1986
Seite 175 oben rechts	Sonnenbühl, Genkingen, 08.1989
Seite 175 unten rechts	Wochenau, Illerrieden, 06.1987
Seite 176 oben links	zw. Aichstetten und Hayingen, 06.1986
Seite 176 unten links	Kirchberg, Iller,06.1986
Seite 176 oben rechts	Randersacker, 06.1994
Seite 176 unten rechts	Illmitz, Neusiedlersee, 08.1987
Seite 177 oben links	Goßmannshofen, 09.1989
Seite 177 unten links	Kirchberg, Iller, 08.1987
Seite 177 oben rechts	Kirchberg, Iller, 08.1987
Seite 177 unten rechts	Oberbalzheim, 05.1990
Seite 179	bei Wangen, 07.1981
Seite 180	Auvergne, Frankreich, 07.2017
Seite 181	Dalwood Axminster/Devon, England, 08.2007
Seite 182 oben links	Unterführbuchhof b. Wain, 12.1984
Seite 182 unten links	Egelsee, Iller, 05.1992
Seite 182 oben rechts	Halbertshof b. Dietenheim/ Wain, 11.1984
Seite 182 unten rechts	Kleinengstingen, 10.1989
Seite 183 oben	Heimertingen/Iller, 10.1983
Seite 183 unten	Heimertingen/Iller, 05.1992
Seite 186/187	Münsingen/Alb, 07.1984
Seite 188 oben links	Stafflangen, 05.1986
Seite 188 unten links	Sommerach a. Main, 06.1990
Seite 188 oben rechts	Wörschach, Steiermark, 06.1993
Seite 188 unten rechts	Ehrenberg-Seiferts, Rhön, 06.1990
Seite 189 oben links	Unterbalzheim, 06.1987
Seite 189 unten links	Senghübl a. d. Donau, 06.1987
Seite 189 oben rechts	Kirchberg/Iller, 06.1991
Seite 189 unten rechts	Neuhausen ob Eck, 06.1989
Seite 190/191	Mariza, Bulgarien, 05.2015
Seite 191 oben	am Bug, Polen, 06.2016
Seite 191 Mitte	Kiskunság, Ungarn, 05.2016
Seite 191 unten	Auvergne, Frankreich, 07.2017
Seite 192	Gomardingen/Alb, 06.1991
Seite 192/193	Neuhausen ob Eck/Alb, 06.1988
Seite 196	Auvergne, Frankreich, 07.2017
Seite 197 oben	Mont Dore, Frankreich, 07.2017
Seite 197 Mitte	Extramadura, Spanien, 04.2013
Seite 197 unten	Loudenvielle, Frankreich, 09.2015
Seite 198 oben	Gönningen/Alb,10.1998
Seite 198 unten	Région Des Causses, Frankreich, 07.2017
Seite 199	zw. Schwaiganger u. Ohlstadt, 06.1992
Seite 200/201	Brodowin, 09.2016
Seite 202 oben	Fischbach, Schliersee, 06.1992
Seite 202 Mitte	Mittersill, Zell a. See, 06.1993
Seite 202 unten	Osadné, Slowakei, 05.2016
Seite 203 oben	Halbertshof, Dietenheim, 07.2009
Seite 203 Mitte	Müritz, 06.2014
Seite 203 unten	Velebit, Kroatien, 05.2015
Seite 206	Mariza, Bulgarien, 05.2015
Seite 207	Région Des Causses, Frankreich, 07.2017
Seite 208 oben	Waniewo, Narew, Polen, 05.2014
Seite 208 Mitte	Oberjoch, 08.1992
Seite 208 unten	Mariza, Bulgarien, 05.2015
Setie 209	Edelbeuren, Edenbacher Tal, 06.1983

Vita

Wolf-Dietmar Unterweger

Dr. Wolf-Dietmar Unterweger (Jahrgang 1944), Diplom-Chemiker, wohnt in Wain/Kreis Biberach. Nach 10-jähriger Tätigkeit an der Universität und in der Industrie gibt er seinen naturwissenschaftlichen Beruf zu Gunsten der Natur auf. Seine analogen Fotoarbeiten sind Grundlage für ca. 40 Bild-/Textbände und für über 200 Kalender namhafter Verlage.
Seine Werke handeln von der Nachhaltigkeit, Ökologie und Regionalisierung der bäuerlichen Welt.

Der Fotokünstler und Buchautor

Sein Konzept:
Die Dokumentation der gesamten Vielfalt, der Dynamik und Statik, der tausend Jahre währenden, nachhaltig wirtschaftenden Landwirtschaft.

Fotografie:
Wolf-Dietmar Unterwegers hoher Anspruch an das Unverfälschte seiner Bilder erreicht er durch die analoge Fotografie. Er steht für eine ökologische, nachhaltige Landwirtschaft und für eine neue Schönheit auf dem Lande; für eine Landwirtschaft, die nicht nur gesunde Lebensmittel produziert, sondern auch Kunst, Kultur und Romantik erzeugt.
Als Fotokünstler schafft er Bilder, die wir in uns tragen vom lebendigen Bauernhof, wie ihn unsere Augen früher gesehen haben.
Er ist „Des einfachen Lebens Dokumentar", wie das Bayerische Fernsehen in einem Film über ihn titelte.
Seine Bilderwelten sind keine Nostalgie, sondern weisen in ihrer Vielfältigkeit in eine hoffnungsvolle Zukunft.
Weg von der Globalisierung hin zur Regionalisierung und zur Nachhaltigkeit.

Um diese nachhaltig wirtschaftende, traditionelle Landwirtschaft umfassend zu erklären, beschreitet Wolf-Dietmar Unterweger zwei Erkenntniswege. Dies ist zwingend und in der Fotokunst singulär.
Einerseits beschreitet er den rationalen Weg der Erkenntnis. Er erklärt in seinen Büchern die Bilder, die er mit der objektiven Sicht des Naturwissenschaftlers aufgenommen hat.
Aber er geht auch den intuitiven Weg der Erkenntnis, wie er Künstlern im Allgemeinen zu eigen ist. Das heißt, er sieht das Bild subjektiv als Künstler. Erst beide Sichtweisen zusammen ergeben das wahre Bild der Bauern des 20. Jahrhundert und in all den Jahrhunderten zuvor.
In ihrer Einleitung zu dem Buch „Wolf-Dietmar Unterwegers Bäuerliche Welt" hält Susanne Veil, Redakteurin der Stuttgarter Zeitung, fest, dass Unterweger einen „Maximalismus" in seinem Werk sieht. Er konzentriere sich aufs Wesentliche. Nichts an seinen Bildern sei überflüssig. Aber so sagt der Chemiker: „Ich reduziere nicht, ich oxidiere." So wie eine Oxidation Sauerstoff hinzufügt, belebt er die Motive durch seine jeweilige Betrachtungsweise.

Diese fotografische Arbeit findet seinen krönenden Abschluss in seinem Lebenswerk „Die Bauern", das er als Weltkulturerbe betrachtet.
Er hat eine verlorengegangene Bauernkultur gesucht und darin die Zukunft gefunden.

Auf seinem Blog
https://wolfdietmarunterweger.com/
wird umfassend über seine Aktivitäten, Publikationen, Ausstellungen und über die Medienresonanz berichtet.

Philipp Unterweger

Dr. Philipp Unterweger (Jahrgang 1986) interessierte sich schon während seiner Schulzeit für Ökologie und Landwirtschaft. Nach seinem Abitur absolvierte er den Zivildienst auf einem Biolandbauernhof. Dort verstärkte sich seine Überzeugung in der Arbeit mit guten und nachhaltigen Lebensmitteln und wertigen Qualitätsprodukten und bekräftigte seinen Wunsch nach einer „Welt in 100 % Bio". Schließlich studierte er Biologie, Germanistik und Kunstgeschichte an der Universität Tübingen und promovierte in Biologie.

Auf vielen Exkursionen und Reisen beschäftigte er sich mit der biologischen Vielfalt in Schutzgebieten und in vom Menschen genutzten Kulturlandschaften und Ökosystemen.

In seinem vielfach ausgezeichneten Forschungsprojekt „Initiative Bunte Wiese" kombinierte er die praktischen Ansätze einer Nichtregierungsorganisation (NGO) mit den wissenschaftlichen Fragestellungen der Biodiversitäts- und Sozialforschung. Dabei lagen seine Schwerpunkte in der Akzeptanz von Naturschutzmaßnahmen bei der Bevölkerung und in der wissenschaftlichen Untersuchung von verschiedenem Grünlandmanagement auf die Insektenpopulationen. Diese Forschung lieferte umfangreiche Ergebnisse, die die Wiesen in der Stadt und auf dem Land durch angepasste Pflege und optimierte Öffentlichkeitsarbeit zur Verminderung des Insektensterbens und zur Steigerung der biologischen Vielfalt optimieren können.

Nach seiner Zeit an der Universität setzt er sich nun auch beruflich für den Schutz von biologischer Vielfalt ein. Im Rahmen seines Beratungsbüros und seiner Vortragsreisen unterstützt er Menschen bei der Umsetzung von Maßnahmen zur Förderung der biologischen Vielfalt und einem guten Zusammenleben von Mensch und Natur. Darüber hinaus ist er an der Planung und Umsetzung neuer Lebensräume für Insekten, Pflanzen und einer biologischen Vielfalt beteiligt und arbeitet an einem neuen Verständnis für die Insekten.

Mit diesem Buch möchte er Menschen ermutigen, sich an einer zukunftsfähigen Bauernkultur mit Mut, Idealismus und Herzblut zu beteiligen und die Welt friedlich, menschenfreundlich, ökologisch und mit Respekt vor der Umwelt zu gestalten.

Unter **https://biodiversitaetsberatung.de/** wird umfassend über seine Aktivitäten, Vorträge, Publikationen und über die Medienresonanz berichtet.

Vom selben Autor erschienen:

DIE BAUERN

Unsere tausendjährige Bauernkultur ist das große Thema des bekannten Naturfotografen Wolf-Dietmar Unterweger. Die bewährte, naturnahe und nachhaltige Form der Landbewirtschaftung dokumentiert er seit Jahrzehnten mit seiner Kamera.

In diesem Jahrhundertwerk zeigt er auf großformatigen Bildern Leben, Wirtschaftsweise und ökologischen Zusammenhang der traditionellen mitteleuropäischen Landwirtschaft. Dazwischen begleitete er auch Landwirte, die noch mit Zugtieren pflügen und die Ernte einbringen, bei ihren täglichen Verrichtungen.

Bauern, Knechte, Mägde und ländliche „Originale" werden in einer einzigartigen Dichte, Wahrhaftigkeit und natürlichen Authentizität ins Bild gebracht. Die bäuerlichen Arbeiten im Jahreskreis stehen ebenso im Fokus wie das Tierleben auf dem Hof, die bäuerliche Wohnkultur, die Bauernhäuser, Bauerngärten, Streuobstwiesen, Feldraine, Hecken und die ganze bäuerliche Kulturlandschaft.

Der opulenten Bildfülle sind informative Texte an die Seite gestellt, die traditionelles Wissen mit aktuellen wissenschaftlichen Erkenntnissen verknüpfen und für eine nachhaltige Landwirtschaft eintreten zur Bewältigung der Zukunft. Das Werk versteht sich nicht nur als eine Hommage an die tausend Jahre währende Bauernkultur Mitteleuropas, sondern auch als Plädoyer für kleinbäuerliche Strukturen, wie sie der Weltagrarbericht global fordert.

Wolf-Dietmar Unterweger hat sein Meisterwerk ausschließlich mit analoger Fototechnik aufgenommen. In den ersten beiden Bänden dokumentiert er die bäuerliche Welt mit der objektiven Sichtweise eines Naturwissenschaftlers. Der dritte Band versammelt Bilder, die aus dem subjektiven Blickwinkel eines Künstlers fotografiert wurden.

stv

Leopold Stocker Verlag
Graz – Stuttgart

3 **großformatige Bände im Schuber**
mehr als 1.630 Seiten
über 1.000 Farbabbildungen

ISBN 978-3-7020-1495-7
Wolf-Dietmar Unterweger

DIE BAUERN
3 großformatige Bände im Schuber,
2. Auflage
1.632 Seiten
Über 1.000 Farbabbildungen,
24,5 x 34 cm, Hardcover

Aus unserem Programm

ISBN 978-3-7020-1767-5
Wolf-Dietmar und Philipp Unterweger
DAS HÜHNERBUCH
Handbuch zur Haltung „glücklicher Hühner"

ISBN 978-3-7020-1866-5
Wolf-Dietmar und Philipp Unterweger
DAS GROSSE BUCH VOM KLEINVIEH
Handbuch zur Haltung glücklicher Haus- und Nutztiere

Umschlaggestaltung: Dr. Wolf-Dietmar Unterweger, Ursula Unterweger, 88489 Wain
Werbeagentur Rypka GmbH, 8143 Dobl, www.rypka.at
Layout und Gesamtgestaltung: Dr. Wolf-Dietmar Unterweger, Ursula Unterweger, 88489 Wain
Kapiteltexte: Dr. Philipp Unterweger
Bildlegenden: Dr. Philipp Unterweger
Bilder: Dr. Philipp Unterweger, Seite 40, 41, 43 oben, 48, 49, 51 unten, 52 Mitte, 53, 64/65, 66, 80, 111, 116, 147, 149, 166, 166/167, 172/173, 180, 190/191, 191, 196, 197, 198 unten, 200/201, 202 unten, 203 Mitte und unten, 206, 207, 208 oben und unten.
Dr. Wolf-Dietmar Unterweger, alle weiteren Bilder

Bildnachweis: Umschlagabb. Vorderseite, Umschlagabb. Rückseite, Abb. Innenteil: Archiv der Verfasser

Bibliografische Information der Deutschen Nationalbibliothek
Die Deutsche Nationalbibliothek verzeichnet diese Publikation in der Deutschen Nationalbibliografie;
detaillierte bibliografische Daten sind im Internet unter http://dnb.d-nb.de abrufbar.

Hinweis:

FSC® www.fsc.org
MIX
Papier | Fördert gute Waldnutzung
FSC® C010798

Haftungsausschluss:
Autor und Verlag haben sich um richtige und zuverlässige Angaben bemüht. Informationen in diesem Werk sind vom Autor und Verlag sorgfältig erwogen und geprüft. Fehler können jedoch nicht vollständig ausgeschlossen werden. Eine Garantie für die Richtigkeit, Vollständigkeit und Aktualität der Angaben und Inhalte kann aber nicht gegeben werden. Eine Haftung des Autors bzw. des Verlages und ihrer Beauftragten für konkrete, mittelbare oder unmittelbare Personen-, Sach- und Vermögensschäden und für Unfälle wird aus keinem Rechtsgrund übernommen.
Der Autor und Verlag sind nicht verantwortlich für den Inhalt von Links.

Auf Wunsch senden wir Ihnen gerne kostenlos unser Verlagsverzeichnis zu:
Leopold Stocker Verlag GmbH
Hofgasse 5/Postfach 438
A-8011 Graz
Tel.: +43 (0)316/82 16 36
Fax: +43 (0)316/83 56 12
E-Mail: stocker-verlag@stocker-verlag.com
www.stocker-verlag.com

ISBN: 978-3-7020-1757-6